广东象头山国家级自然保护区自然教育丛书

"家在象头山"自然教育实践

广东象头山国家级自然保护区管理局　绿色营　组织编写

刘彩琴　胡进霞　孟　刚　主编

中国林业出版社
CF PH　China Forestry Publishing House

图书在版编目（CIP）数据

"家在象头山"自然教育实践 / 广东象头山国家级
自然保护区管理局, 绿色营组织编写；刘彩琴, 胡进霞,
孟刚主编. -- 北京：中国林业出版社, 2025. 6.
(广东象头山国家级自然保护区自然教育丛书). -- ISBN
978-7-5219-3084-9

Ⅰ. S759.992.65-49

中国国家版本馆CIP数据核字第2025J6S550号

策划编辑：肖静
责任编辑：肖静　邹爱
装帧设计：北京八度出版服务机构

————————————————

出版发行：中国林业出版社
　　　　（100009，北京市西城区刘海胡同 7 号，电话 010-83143577）
电子邮箱：cfphzbs@163.com
网址：https://www.cfph.net
印刷：河北京平诚乾印刷有限公司
版次：2025 年 6 月第 1 版
印次：2025 年 6 月第 1 次印刷
开本：787mm×1092mm　1/16
印张：13
字数：123 千字
定价：88.00 元

编辑委员会

主 任 委 员：张玉亭

副主任委员：朱晋圮　刘彩琴　李振基

委　　　员：张 粤　陈新贵　邓声文　陶 君　胡进霞　孟 刚

主　　　编：刘彩琴　胡进霞　孟 刚

副 主 编：张 粤　董晶丽　陈 羽　刘 琦

参加编写人员：

广东象头山国家级自然保护区管理局

陈新贵　邓声文　陶 君　康 宁　曾燕娜　田裕林　程 方　邓杰明

黄运梅　黄 斐　刘 欣　林建华　林智杰　张运玲　林浩瀚　陈伟红

张尚为　李雄辉　朱源钲

绿色营

李 享　黄黎晗　肖雨淳

照片提供人员：

刘彩琴　陶 君　康 宁　张 粤　胡进霞　陈 羽　李小强　徐 斌

孟 刚　刘 琦　黄黎晗　李 享　黄镇东　邹来珍　吴宏道　周继刚

绘　　　图：刘 琦

组织编写单位：

广东象头山国家级自然保护区管理局　为广东象头山国家级自然保护区的保护管理机构（以下简称象头山保护区管理局）。广东象头山国家级自然保护区（以下简称象头山保护区）位于广东省惠州市博罗县，地处经济繁荣的珠江三角洲、粤港澳大湾区内，是我国南亚热带重要的生物多样性中心之一，是经国务院批准建立，以有效保护南亚热带常绿阔叶林、珍稀濒危动植物及其栖息地以及东江的重要水源地和水源涵养林为主要任务，集保护管理、科研监测、宣传教育、社区共管及合理利用于一体的，由林业部门主管，依法划定的予以特殊保护和管理的自然区域。

绿色营　因保护滇金丝猴而发起于1996年，是中国最早的民间环境保护组织之一，也是中国最早系统开展自然教育的机构之一，以培养和发展自然保护青年为己任，通过青年的影响力推动生态文明建设。当下，绿色营关注绿色人才培养、保护地与生物多样性、公众自然教育3个业务领域。

序一

自然教育是一种在实践中发展起来的以自然为师的创新型教育活动，目的是通过自然体验以重建和强化人与自然的紧密联系，实现人与自然的联结、融合和平衡。

全球的自然教育最早源于森林体验和环境教育。

早在18世纪，卢梭就在《爱弥儿》一书中主张儿童教育必须适应自然，号召教育要"回归自然"。19世纪末，苏格兰生物学家帕特里克·盖迪斯强调，"只有通过亲身的观察、感受，才能真正学习并理解自然"，并由此开始了基于自然博物和自然史研究的自然研习运动。但实际上，我们今天在全世界各地开展的自然教育，是伴随着国际环保主义运动而兴起的——它以美国海洋生物科普作家蕾切尔·卡逊（Rachel Carson）的力作《寂静的春天》为标志。1972年，联合国人类环境会议在瑞典斯德哥尔摩召开，这是第一次由各国政府代表团及政府首脑等参加讨论环境问题的国际会议，当时的口号是"只有一个地球"。环境教育也就由此逐步发展起来。

2005年前后，《林间最后的小孩》和《与孩子共享自然》等一批专著被翻译并在国内出版，引发人们对"自然缺失症"问题的空前关注和重建人与自然联结重要性的反思。此后，我国自然教育机构和活动开始陆续进入公众的视野。

党的十八大以来，在习近平生态文明思想指引下，全社会自然教育事业步入了快车道，让青少年走出课室、走进自然，亲身感受绿水青山之美，成为时代的呼唤。目前，全国从事自然教育的机构有2万多家，从业人员约30万人，每年组织开展各类活动超100万次、参与人员超1亿人次。轰轰烈烈的自然教育，为实现人与自然的和谐友好、促进经济社会发展全面绿色转型、实现生态环境全面改善、推动人的综合素质全面提升作出了重要贡献。

2019年，中国林学会联合全国300多家单位和社会团体成立自然教育专业委员会（自然教育总校），发布了《关于成立自然教育总校的倡议》等文件，面向社会遴选认定首批20个自然教育学校（基地），为各地探索自然教育树立了标杆，并携手相关单位在武汉召开了首届中国自然教育大会，搭建起全国自然教育经验交流的新平台。同年，国家林业和草原局印发《关于充分发挥各类自然保护地社会功能 大力开展自然教育工作的通知》，提出划定自然教育区域、丰富活动形式、加强人才培养等七项措施，将自然教育纳入生态文明战略大局统筹推进。各级林业部门和社会力量凝心聚力、协同奋进，我国自然教育从星星之火发展为燎原之势，正逐步构建起覆盖全国的自然教育新格局。

广东省是全国自然教育示范省。在十余年的探索中，广东省以自然教育基地为基础，以自然教育径和自然教育课程为核心，创造了具有岭南特色的自然教育新天地。

象头山国家级自然保护区是广东省挂牌命名的首批自然教育基地之一。多年来，依托象头山丰富的生物多样性资源，借助各类自然教育机构的力量，象头山国家级自然保护区建立特色鲜明的自然教育径，组织联合跨界的专业培训，坚持自然教育的公益性，创新自然教育的活动内容。这些培训和活动覆盖各类人群，内容丰富多彩，影响力和吸引力越来越大，构建了象头山国家级自然保护区独特的自然教育品牌模式。

好的课程和方案是自然教育发展的关键要素。近年来，象头山国家级自然保护区与李振基教授的绿色营团队，联合开发了自己的自然教育课程，包括家在象头山、森林科学家、粤夜越精彩等内容，这些课程融合课堂教学与户外实践，既具科学性又充满趣味性，是象头山国家级自然保护区将资源优势与自然教育实践深度融合的一大创举，是象头山全体保护者智慧与实践的结晶，承载了一代人对人与自然和谐共生的美好期许。

我到过象头山，那里的一山一水一草一木都令我魂牵梦萦。我相信，这套课程的推出，将进一步推动象头山国家级自然保护区自然教育的系统性和品牌建设，提升象头山自然教育的影响力，也将引导许许多多来到象头山参加自然教育的中小学生的健康成长，使他们在实践中热爱大自然，在实践中爱上科学。

象头山的自然保护工作将越来越好，繁花似锦！

中国林学会理事长

赵树丛

2025 年 4 月于北京

象头山保护区位于广东省惠州市北部的博罗县境内，是北回归线上一处保护得较好的绿洲，总面积10696.9平方千米，属于森林生态系统类的自然保护区。其主要保护对象为南亚热带常绿阔叶林、珍稀濒危动植物及其栖息地以及东江的重要水源地和水源涵养林。

绿色营与象头山有缘。2018年4月，绿色营在象头山举办了一期自然导师培训营，徐仁修、李两传等老师亲临指导，取得了很好的效果。2019年7月，绿色营又在象头山举办了一期自然导师培训营，我参加了第二期的指导，象头山给我留下了深刻印象。

象头山保护区的生物多样性非常丰富，在其核心区有保护完好的季风常绿阔叶林，但我们开展自然导师培训在象头山保护区科研宣教中心就足够了，这里的基础设施可以很好地满足自然教育活动的开展。目前，科研宣教中心已经有室内上课培训的自然课室，在室内上课之后，可以来到室外实习。在办公楼前仰望，满目青山，往后山走几步，就可以看到乌毛蕨、里白、细叶卷柏、垂穗石松、膜蕨等各种蕨类植物。这里不仅有长叶竹柏等乔木裸子植物，也有倪藤等藤本的裸子植物，还生长着笔管榕、罗浮锥、红花荷、岗松、野牡丹、桃金娘、假苹婆、竹叶兰和橙黄玉凤花等不同门类的南亚热带的代表性植物以及寄生植物（寄生藤）、食虫植物（茅膏菜）等，蝴蝶纷飞，鸟语花香。

第一天晚上，我们就顺着边上的一个山坡上山夜观，没走多远，就看到了绿瘦蛇。晚上夜观，还能够看到萤火虫、色螋、蜘蛛、蛾、蝴蝶的蛹、黄猄蚁的窝、螽斯、角蝉、龙眼鸡、螳螂、竹节虫、马陆、虎甲等。在晴朗之夜，可以看星星，远观不同的星系……

承蒙象头山保护区管理局的厚爱，委托绿色营共同开发自然教育课程。本套课程的使用对象主要为象头山保护区的工作人员及自然教育志愿者，其他自然教育机构的教师和中小学老师等。全书分为家在象头山、森林科学家、植物智慧多、神奇中草药、动物在哪里、山间有飞羽、粤夜越精彩、溪流的故事、治愈系森林和笔记象头山10个部分。10节课之间既相互联系，可以在一次活动完成，也可以独立拆解，分次完成。我们希望这套书籍的出版，能够让象头山保护区周边的亲子家庭乃至全国各地的青少年加深对象头山的了解，云集象头山，感受这里的奥秘。

厦门大学教授、绿色营理事长

李振基

2024年8月

前言

缘起 自然保护区为什么开展自然教育？

象头山保护区成立于1998年，2002年升级为国家级自然保护区，保护对象是南亚热带常绿阔叶林、珍稀濒危动植物及其栖息地和东江的重要水源地和水源涵养林。象头山保护区位于经济发达的珠江三角洲地区，自然资源丰富，地理位置优越，交通方便，距离所隶属的惠州市主城区仅10余千米。

象头山保护区成立之后，自然原真环境和动植物资源得到有效保护，但同时人为活动也受到了限制，周边社区居民靠山吃山的生活习惯需要改变，社会公众到保护区休闲游玩的行为也受到约束。如何在保护自然资源的同时，也能让公众通过走入自然，参与丰富多彩的活动，更好地理解和认识建立保护区的重要性，进而参与到共同保护的行列中来，成为象头山保护区探索和亟待开展的工作之一。

与此同时，随着城市化进程的加快，社会公众对共享自然的需求也日益增加。社会公众尤其是亲子家庭，越来越多地期望走进大自然，得到身心的放松和疗愈。自然教育的发展和兴起成为必然，自然保护区也成为开展自然教育的最佳场所。

实践 象头山保护区从2016年开始开展自然教育，经历了不同的发展阶段。

2016—2018年，象头山自然教育进入初步探索的阶段。此时，与象头山相邻的深圳市在自然教育领域已蓬勃发展，并孕育出很多有影响力的自然教育机构。由于象头山保护区处在珠江三角洲这一优越的地理位置，很多自然教育机构来到象头山保护区开展活动，其中不乏一些优秀的机构如绿色营、鸟兽虫木等，象头山保护区也成立了专门对接各自然教育机构的工作小组。在这个阶段,象头山自然教育活动主要由自然教育机构组织带领,象头山保护区的工作人员更多的是协助开展活动。但象头山保护区工作人员在参与培训和活动的过程中,解说和带队能力不断提高,为下一阶段保护区自身解说队伍的培养打好了基础。

2019—2022年,是象头山自然教育蓬勃发展的阶段。2019年,首届粤港澳大湾区自然教育论坛召开,广东第一批自然教育基地批准成立,象头山成为第一批省级自然教育基地之一。在广东省林业局的支持下,自然教育的人才、政策、资金等一系列有效措施的落地,让广东的自然教育工作全面开花。象头山保护区也顺势而为,开始组建自己的导师队伍,聘请专职科普员,培养志愿者队伍,继续与自然教育机构开展各种形式的自然教育活动,不断尝试各类主题的自然教育活动。除了每月定期在保护区内开展活动外,象头山保护区带着团队进校园、进社区、进乡村、进公园已成为常态;同时也会开展不同形式的培训,如自然导师培训、岩石地质培训、植物辨识培训、中草药文化培训、自然戏剧培训、蛇类培训、户外安全培训等。在不断提升导师队伍能力素质的同时,象头山保护区也逐渐成为聚集自然教育从业者及爱好者的一个平台。

2023年至今,象头山自然教育开始系统化和常态化。随着自然教育持续深入地开展,象头山保护区积攒了丰富的实践经验,也开始沉下心来总结,紧紧围绕"保护区的自然教育应该做成什么样",梳理多年来的实践经验,将活动目标清晰化,活动流程标准化,课程内容本地化,并制定了自然教育规划。象头山保护区确定了"万物共生可持续,人人共护象头山"的总目标,并把大目标分解在每一场活动的小目标中;总结出保护区开展自然教育时课程设计应结合保护区的保护对象、保护区的主责主业及当地的森林文化;制定了一系列管理制度、人才制度、流程标准、活动规范、成效评估方法等。编者将这些实践经验融进了这套"家在象头山"的课程中。

收获　　　　象头山保护区开展自然教育以来,获得了很多荣誉和肯定,除了获批的包括"全国自然教育学校(基地)""广东省高品质自然教育基地""国

家青少年自然教育绿色营地"等10多个基地授牌外，其课程和活动也多次获得各级部门的嘉奖和肯定。与此同时，自然教育对象头山保护区的管理有非常大的助力，如增进了与公众的交流，缓和了与社区的矛盾；与主责主业深度融合，助力保护区发展；培养了人才队伍，增加了团队凝聚力；传承了本地森林文化，提升了象头山保护区的社会影响力，等等。而持续参与自然教育活动，也让象头山保护区的从业人员试着从一个全新的视角看待自己的工作和认知大自然，试着把一个个自然生灵从科、属、种的定义中解放出来，让它们回归生命的属性；自然教育也让林业这门传统、严谨的学科变得更富有创造性和参与性；带领者也和参与者一样，在和自然的接触中，获得了身心的放松与治愈，得到了自然的馈赠！

笃行　　初心如磐，笃行致远！象头山的自然教育一直在摸索中前行，虽历经重重困难，但初心不改。感谢国家、省市等各级主管部门为自然教育培育了这么好的土壤，感谢各部门的专家学者为自然教育的成长、壮大提供了充足的养分，感谢一起同行的小伙伴们一路来的支持、鼓励和帮助，让我们更多的人在保护自然的同时，也可以从自然中获得滋养和能量！

展望　　本书多来自日常活动实践，难免有诸多不足之处，敬请使用者及时反馈，以期共同完善。

编者

2024年8月

目录

课程概述

一、课程开发的背景

象头山保护区属于森林生态系统类型自然保护区，以有效保护南亚热带常绿阔叶林、珍稀濒危动植物及其栖息地以及东江的重要水源地和水源涵养林为目标，是我国南亚热带重要的生物多样性中心之一。象头山保护区内物种资源丰富，其完整的自然生态环境是开展自然教育的天然课堂；象头山保护区管理局对科普宣教工作和自然教育活动极为重视，近年来，陆续建成了多条自然教育径及科普宣教室，基础设施不断得到完善。

绿色营作为国内较早开展自然教育活动的组织机构之一，从2007年开始便开展自然讲解员培训，在自然教育领域积累了丰富的经验。自2018年开始，绿色营与象头山保护区管理局合作组织师生在象头山进行自然导师培训活动，促进了象头山在自然教育方面的发展，取得了不错的成效。

因此，基于双方优势，象头山保护区和绿色营一起，梳理了象头山所在地资源以及多年来的实践，开发了本套象头山保护区自然教育课程。希望通过这样一套课程将象头山保护区对于自然保护的工作传递出去，让更多学生在自然教育活动中获取知识与价值，并理解自然保护工作，成为大自然的守护者。

二、课程的性质

本套课程是由象头山保护区管理局与绿色营在象头山保护区动植物及文化资源等调查研究的基础上所开发的主题式自然教育课程，是一套主要用于在象头山保护区内开展自然教育活动的教学方案。课程内容既注重在大自然中的体验式活动，也强调自然教育教师的讲解能力和自然生态知识的传递。

本套课程在设计的过程中参照了《广东象头山国家级自然保护区总体规划（2018—2027年）》等材料中的有关内容，结合象头山保护区已经建成的自然教育径和自然课室、宣教长廊等设施，参考广东省中小学课程标准中的相关要求，力争使本套课程能够充分利用象头山保护区的动植物资源以及硬件设施，也在主题和内容上更加契合象头山保护区自然教育活动辐射群体的实际和需求。

本套课程的目标设置基于中华人民共和国教育部颁发的《中小学环境

教育实施指南（试行）》（以下简称《指南》）中具体目标的3个方面——情感、态度与价值观，过程与方法，知识与能力。但是本套课程在目标的设计中更侧重激发学生的意识和情感、引导学生充分地体验自然、向学生传递自然生态的科学知识，而对于解决环境问题、学习研究环境政策、理解环境与社会经济的关系等在课程中则涉及较少，主要希望通过引导启发学生思考。而且编者也相信，如果有更多的人能够从小接受良好的自然教育，那么这些复杂的环境问题在未来将更好地被解决。因此，《指南》中的各级目标设置与象头山保护区和绿色营对自然教育内涵的理解从根本上是一致的，即发现自然、观察自然、学习自然、爱护自然。

最后，本套课程主要涉及目标、内容和教学实施阶段，尚不涉及效果评价，这是下一个阶段编者希望基于本套课程进行完善的。

三、课程使用的对象与目标人群

（一）使用对象

本套课程主要供象头山保护区的工作人员及自然教育志愿者使用，同时也可供在象头山保护区内进行自然教育活动的其他机构自然导师、研学领队、中小学老师等使用。使用者可以遵循本套课程的教案设计开展整套的自然教育课程，同时也可以在本套课程教案的基础上有选择地进行取舍，并结合自己的经验积累和教学特色进行方案重组、扩充、整合等。

（二）目标人群

本套课程的目标人群是惠州市及周边广东省各地市的学生群体，以及外地来到象头山参加自然教育或研学旅行活动的学生、亲子家庭等。每节课在课程大纲中区分了适用的群体年龄，并在具体的教案设计中针对不同的群体对象进行不同的教学策略和知识内容的说明。教师可以在具体的授课过程中根据学生群体的年龄和知识积累程度等特点，进行内容简化或增加具体知识点的深度和广度。

（三）目标年龄段

在编者所倡导的自然教育理念中，自然教育应当是一项针对全年龄段

开展的教育活动，任何年龄段的人群都应走进自然，在探索、发现、喜爱和保护自然的一系列互动中增强获得感与价值感。

而在本套课程的开发中，结合象头山保护区日常开展自然教育活动的具体实践，以及对当下自然教育活动主要受众群体的观察，在经济、观念、社会环境等多重因素的影响下，中小学生尤其是义务教育阶段的学生仍旧是目前我国自然教育活动中最主要的目标群体。

因此，编者将本套课程的目标群体限定为义务教育阶段的学生，也就是1～9年级的中小学生群体，这个群体的年龄在6～15岁。

而在教学流程的设计中，采用模块化的组合方式，针对不同的年龄层次，编者在课程设计中提供了两种不同的组合方式，分别是6～11岁和12～15岁。这里主要基于瑞士心理学家让·皮亚杰所提出的认知发展理论。这一理论经常被用于教育教学中，为编者根据不同年龄段孩子的特点和学习方式提供了教学理论依据。

基于以上因素，在本套课程的教学设计中主要从这两个阶段的学生特点出发。

1.年龄6～11岁阶段

（1）学生特点

①开始理解逻辑，具备进行操作的能力，但主要限于具体情境和可操作的物体。

②能够进行分类、系列化（如大小排序）等具体逻辑思考。

③理解事物的恒定性（如数量、体积不变性）。

④尚难以处理抽象概念和进行假设性思考。

（2）课程设计方向

注重实践操作和体验：设计活动时，应提供大量的实物操作机会，通过实际操作来探索自然世界和学习概念，通过体验性活动来开展教学。

具体示例：使用具体的实例和情境来解释复杂概念，帮助学生理解抽象概念的具体应用。

逐步引入逻辑思考：通过分类、排序和比较等活动，逐步培养学生的逻辑思考和问题解决能力。

强化观察和记录：鼓励学生观察自然现象并记录观察结果，培养其科学探究的基本技能。

2.年龄12～15岁阶段

（1）学生特点

①能够进行抽象思考和逻辑推理，不再限于具体物体或当前的情境；

②理解和使用假设—推理的逻辑，能够处理假设性和未来的问题；

③能够理解复杂的概念和多重因果关系，进行系统性思考；

④对道德、哲学和社会问题表现出更深层次的思考。

（2）课程设计方向

强调抽象和理论：在教学中融入更多的抽象概念和理论框架，挑战学生的高阶思维。

促进批判性思维：通过讨论、辩论和问题解决等活动，鼓励学生批判性地分析信息和论点。

假设性探究：利用实验、模拟和项目式学习，让学生探索"如果……会怎样"类型的问题，发展其假设推理能力。

关注道德和社会责任：结合环境保护、可持续发展等主题，引导学生思考个人和社会的责任。

四、课程开发的目标

根据《中小学环境教育实施指南（试行）》和象头山保护区开展自然教育的具体导向，本套课程设置以下总体目标，而在本套课程的每一节课中，也都对应以下目标的3个方面设置了具体的课程目标。

（一）情感、态度与价值观

①关注自然，关爱生命；

②认识并接受自然的多样性；

③克服恐惧，敢于挑战自我；

④认同象头山保护区的保护理念，支持自然保护的工作；

⑤家乡和环境认同感。

（二）过程与方法

①发现并观察自然界的变化，进行深入体验；

②主动搜集、学习自然知识；

③与他人进行合作；

④动手操作；

⑤乐于分享，积极沟通。

（三）知识与能力

①了解惠州及象头山的地理区位和生物多样性保护现状；

②了解科学家和护林员等生态保护工作者的日常工作内容；

③了解自然观察的方法和流程；

④了解象头山保护区内的特色动植物；

⑤能够在自然中进行持续的观察学习。

五、课程设计

（一）基本内容

在本套课程的设计中，有以下几方面的因素是课程设计者主要考虑的。

1. 普适性

自然教育的理念和工作手法在一定程度上是通用的，虽然当下对自然教育具体内涵和外延的理解尚有讨论，但自然教育作为一种利用自然资源开展的教育活动，其通过教育回馈于自然保护的理念应该是共通的。本课程设计所遵循的理念是将活动目标分为4个层次：公民意识、生态环境和生物多样性保护、良好的教育形式、自我的治愈。我们认为这些理念和手法在其他自然保护区或机构开展的自然教育活动中同样适用。

2. 在地性

为了体现在地性，本课程在设计过程中，尽量凸显象头山保护区的保护对象，即以南亚热带常绿阔叶林为主的森林生态系统、珍稀动植物资源及其栖息地和水资源。同时，象头山保护区近年来积极推动自然教育工作的开展，已经建成了多条自然教育径及科普教室等基础设施，因此，本套课程的设计也与这些基础设施进行了一定程度的结合，希望在课程开展中更多地发挥它们的价值。

3.实用性

象头山保护区多年来坚持面向社会公众开展公益性的自然教育活动，积累了一定的经验并摸索出一套活动开展流程。基于这些经验和活动实际需求，本套课程在设计上也尽量考虑细节的落地和执行，同时在课程设计之后开展现场授课试验，通过教案模块化搭配及演示文稿教具等形式让授课导师更容易上手操作。

基于以上几个原则，本套课程设计了10节课程，分别如下。

（1）家在象头山

这是本套课程的核心课程。通过"家"这个概念将学生、教师与象头山保护区及保护区里的万物生灵紧密联系在一起。同时，也结合象头山保护区已经建成的一期自然教育径"岭南森林居民主题步道"，从地域的宏观概念上引导学生将目光聚焦于象头山这片人与自然共同的家园。

（2）森林科学家

这节课主要从象头山保护区工作的角度展开。通过第一节课，学生从大的地域尺度上认识了象头山。在这里将进入生态系统与象头山保护区的工作，引导学生从森林生态系统的角度认识这颗"北回归线上的绿色明珠"，同时也了解工作人员为了保护这片保护区所做的辛勤工作。这节课主要在基础设施上结合"生态小课堂"主题自然径和"森林科学家"工作坊。

（3）植物智慧多

这是一节聚焦于植物的主题课程。象头山保护区作为一个森林生态系统类型的自然保护区，南亚热带常绿阔叶林，也就是从空中视角俯瞰的这一片绿色森林，便是其基底。其间的数千种植物占据了最大的体量，所以，在保护区开展自然教育活动必然离不开对植物的观察和解读。这节课便是通过"植物的智慧"这样的概念带领学生认识身边常常被忽略的植物的精彩故事。

（4）神奇中草药

这是植物主题延伸出来的一个特殊的主题课程。象头山所在的岭南地区，作为中国中草药文化的重要发源地之一，拥有着独特的气候和生态环境，孕育出众多珍稀草本植物。这些植物不仅是传统中医药宝库中的珍贵资源，也承载着岭南人民世代相传的智慧和文化。这节课程不仅通过"为人所用"这样一个视角解读保护这些珍贵的自然资源的重要意义，也进一步传承和弘扬中华民族传统文化。但必须要强调的是，这节课更多的是希

望引导学生关注植物的价值和人与自然长期共存中的药用功能，并不鼓励参与者通过学习在野外开展采集及用药等活动。

（5）动物在哪里

这是一节聚焦于动物的主题课程。象头山保护区的重要保护对象，除了作为基底的南亚热带常绿阔叶林，还有生活在其间的珍稀动物。当下野生动物与人的距离越来越远，要发现并探索动物的神秘生活自然离不开象头山保护区这样的动物家园。所以，来到象头山保护区的学生将会在教师的带领下通过一些常用的技能和工具探索发现动物的踪迹，并理解保护象头山这样的栖息地对于动物的重要意义。

（6）山间有飞羽

这节课同样也是动物主题下延伸出来的一个子主题课程。"观鸟"活动是一项由来已久的户外运动，也被称为"打开自然之门的钥匙"和"走进自然的终身门票"。象头山保护区鸟类资源丰富，通过开展以观鸟为主题的课程可以引导学生快速走进自然之门，通过鸟类的生态行为探究到更广大的自然世界的奥秘。

（7）粤夜越精彩

这是动物主题延伸出来的另一个子主题课程。由于生活习性的原因，一些夜行性的动物喜欢在白天休息、夜间活动，所以，想要发现它们的身影通常要在晚上出来探索，而"夜间观察"历来也是生物学教学中常用的教学方法，由此发展而来的"夜观"活动也是近年来自然教育中的常见活动方式。

（8）溪流的故事

这是一节以水资源为主题的课程。象头山保护区作为重要的区域水源涵养地，孕育了东江上游的多条支流，而也正是因为有了水这样一个重要的媒介，它也为更多的生灵提供了栖息地。同时，基于象头山的溪流环境和现存保护区与水电站并存的状态，这节课除了引导学生关注以水为媒的生态知识，更要引导学生关注人与自然长期共存下的生态平衡。

（9）治愈系森林

这是一节以"无痕山林"和"自然疗愈"为切入点的课程。人与自然的关系应当是在保护的前提下从自然中增强获得感，而通过编者倡导的自然教育活动，参与者除了学习自然知识、接受自然保护的理念，自然也少不了让身体和心灵得到治愈，在自然中感受到美好和快乐，这应该是作为

一场自然教育活动最基本的追求和保证。这节课可作为基础设施配套课程，在象头山保护区已经建成的"治愈系森林"主题步道中开展。

（10）笔记象头山

这是一节基础技能型的课程。自然笔记的历史由来已久，在我国也较早成为热门的自然教育活动。通过学习和使用自然笔记，可以帮助学生更加细致地对自然进行观察，并在记录的过程中思考和加工形成长久记忆。这节课程乍看起来似乎需要一定的绘画基础，实际上自然笔记从来不强调绘画技法，而是重在引导学生观察记录与反馈，建立起自己积累的自然知识库。

本套课程的10节课之间既相互联系，又可以独立拆解。如果是一次整期的自然教育营期活动，可以将10节课程进行编排，形成一次完整的自然教育营期；而如果是半天或者一天的自然教育活动，则可以从中挑选一两节课程，根据时间和场地进行模块化组合来授课。

（二）教学实践

1.关于课程逻辑的设置

在教师使用本套课程进行教学之前应当先理解本套课程的设计逻辑。本套课程在设计中结合教育教学逻辑和象头山保护区日常课程活动需要，对课程的主体部分采用"1+3+1"的方法进行设计，即1个教学前置流程、3个正式教学流程、1个教学后置流程，在课程中它们分别是：知识准备与学习、导入与构建、教学与实践、分享与总结、任务与拓展。

（1）知识准备与学习

这部分主要罗列与课程主题相关的基础知识和相关参考资料。通常情况下，教师在授课之前可根据具体需要，对照这部分内容进行提前学习和备课，以保证在后面的授课中做到游刃有余。

（2）导入与构建

这一环节是课程的起始点，目的是为学生即将学习的主题建立一个引人入胜的背景。通过使用故事、问题、图像或现实世界的情境，教师可以激发学生的好奇心和兴趣，帮助他们理解新知识的重要性和相关性。这一阶段关键在于建立一个情感和认知的联系，为深入探究主题做好准备。

（3）教学与实践

在这个环节中，教师将正式对教学内容展开介绍，并通过各种教学策

略和活动加深学生的理解。这包括讲授、讨论、实践操作和小组合作等多种方法，目的是使学生能够通过实际操作和应用来深化对知识的理解，同时，培养他们的批判性思维和问题解决能力。教学与实践阶段是课程中知识传授和技能培养的核心，通过实际操作，学生可以将理论知识与实践相结合，从而更好地吸收和应用所学。

（4）分享与总结

这一阶段旨在通过分享和反思来巩固学习成果。学生可以在小组内或全班范围内分享他们的发现、想法和学习经验。教师则引导学生总结所学知识，讨论学习过程中遇到的问题及其解决策略，从而加深学生对课程主题的理解。这不仅能帮助学生巩固新知识，也促进了他们之间交流和批判性思考能力的发展。同时，对于主题的升华，保护理念传递等通常也可以着重利用这一阶段。

（5）任务与拓展

通过布置具体的任务或提供拓展活动，鼓励学生将所学知识和技能应用于新的情境中。这可能包括家庭作业、项目工作或进一步的研究任务，旨在促使学生独立探究，深化对课程内容的理解和应用。此外，拓展活动也为参与课程的学生提供了一次机会，让学生能够探索课程主题之外的相关领域，激发他们的学习兴趣和自我发展。

2.正式教学流程

在每一节课的"导入与构建、教学与实践、分享与总结"3个主要环节中，编者都预先设定了若干个模块，并为不同年龄层的学生给出了组合建议。不过，具体教学实施时，教师可根据实际课时长短、学生特点以及活动场地等情况，自行从这些模块中灵活选取与组合，不一定要全部采用推荐方案中的所有模块。

如需获取本课程配套的教学课件或更多参考资料，可与象头山保护区管理局联系。

3.关于教学课件与模块的搭配

在课程配套提供的教学课件中，对每个模块也设计了相应的演示文稿页面，教师可以在使用时选取对应的课件页面进行使用。

同时，这套课程的教学课件是大家共创的结果，储存在象头山自然教育知识库中，不同的使用者可能在使用过程中迸发出新的课件设计思路，可以将其设计成果反馈给象头山保护区。

第一课

家在象头山

一、课程概览

（一）内容导读

"家在象头山"是一节核心课程，通过"家"这一概念，紧密联系学生、教师与象头山保护区的生态环境，帮助学生在情感和认知上理解象头山这个人与自然共存的家园。本课程借助象头山保护区已建成的自然教育径——"岭南森林居民主题步道"，从区域生态的宏观视角逐步引导学生聚焦于象头山这片人与自然共同生活的土地。

"家在象头山"包含以下两层核心概念。

（1）象头山作为人类的家园

对于教师和学生而言，象头山不仅是自然保护区，更是生活在惠州地区及其周边的居民共有的自然家园。课程受众包括象头山所在区域的中小学生、亲子家庭等群体，教师主要是象头山保护区的工作人员、志愿者和惠州地区的教师。课程通过让学生认识象头山的生态价值，了解象头山的动植物多样性及保护区的重要意义，帮助他们建立对家乡的自豪感，并激发他们的环境保护意识。象头山的环境不仅是生活的背景，它的生态系统直接影响着每个人的生活质量，因此，这里也是我们人类共有的家园。

（2）象头山作为动植物的家园

象头山位于南亚热带区域，是全球北回归线上重要的生态绿洲。作为一个生物多样性中心，象头山是众多珍稀野生动植物的栖息地。因此，象头山的真正"居民"是生活在这里的动植物，而人类作为访客，需要从尊重它们的角度出发，了解这片土地的历史与生态价值。通过观察这些动植物，学生不仅能认识象头山的生物多样性，还能理解人与自然的深层次联系，进一步增强保护自然的责任感。

本课程重点在于让学生重新认识自己生活的家园，激发他们对家乡的认同感和热爱。同时，通过揭示象头山丰富的生物多样性，让学生认识到保护区的重要性，并肩负起守护象头山的责任。本课程鼓励每一位参与者成为象头山和大自然的共同守护者，推动人与自然的和谐共生。

（二）课程目标

1.知识与能力

①了解保护区的生态价值和建立保护区的重要意义；

②说出身边自然环境的差异和变化；

③了解生物多样性的重要意义。

2.过程与方法

①观察周边自然环境，并提出自己的问题；

②收集并了解身边的自然环境和物种信息；

③描述和总结对自然的观察。

3.情感、态度与价值观

①欣赏自然的美，尊重生物生存的权利；

②尊重不同文化传统中人们认识和保护自然的方式与习俗；

③认同公民的环境权利和义务，积极参与学校和社区保护环境的行动，对破坏环境的行为敢于批评。

二、知识准备与学习

（一）象头山保护区概况

象头山保护区成立于1998年，2002年晋升为国家级自然保护区。保护区位于惠州市博罗县中部，与惠城区接壤，紧靠北回归线南侧。保护区总面积10696.9平方千米，森林覆盖率96.97%，主要保护对象为南亚热带常绿阔叶林、珍稀濒危动植物及其栖息地以及东江的重要水源地和水源涵养林，属于森林生态系统类型自然保护区。2010年，其加入中国人与生物圈保护区网络（CBRN）。

象头山，又名象山、象岭。其山高林密，怪石嶙峋，溪谷清幽，飞瀑急倾，高山平湖，尤以水、石和云雾景观最为特别。象头山成陆久远，地质地貌典型多样；有大面积的集中连片的以常绿阔叶林为主的原始次生林；植物资源起源古老，种类繁多，区系典型，代表性强；野生动物种类丰富，重点保护物种和濒危物种多；水资源丰富，利用价值高，是东江重要的水源涵养地。象头山保护区对保护好南亚热带生物的典型性、多样性及保护好沿海地区的生态平衡有极其重要的作用。

象头山保护区是珠江三角洲地区一座天然的动植物基因宝库。据调查，截至2024年区内共有维管束植物2188种、野生脊椎动物430种、昆虫585种和大型真菌201种。

1.自然景观资源

象头山自然景观丰富，尤以石、水和云雾景观最为特别。象头山是中生代侏罗纪和白垩纪时的燕山运动形成的，山体宏大雄伟，多陡峭山崖和裸露花岗岩石壁，可谓群峰竞秀、怪石嶙峋；由于地处南亚热带湿润季风气候区，象头山热量丰富、降水丰沛，所以可见金河幽瀑、高山平湖；象头山温暖湿润，水库湖泊水汽蒸腾，加上山高林密，致使云雾长留，故常

象头山阿公髻山顶

象头山济公田水库

象头山溪流生境

见云蒸霞蔚，变幻莫测，蔚为壮观。

象头山最高峰蟹眼顶海拔1023.7米，因状如蟹眼而得名。山体浑圆饱满，由整块花岗岩体形成。山体下半部植被繁茂，郁郁葱葱，顶部则仅有少许小灌木，紧紧地偎依在山岩上，其余皆为裸露的花岗岩石壁，暗褐色，加之其上纵横的纹理，似饱经沧桑的老人，见证着自然的变迁，感悟着世事的冷暖。

2.野生植物资源

在2188种维管束植物中，栽培植物222种，野生维管束植物1966种。野生维管束植物中，蕨类植物180种、裸子植物7种、被子植物1779种。广东省是我国植物种类最丰富的省份之一，而象头山的维管束植物物种数占广东省维管束植物物种数的25%以上。在这些植物中，国家重点保护及珍稀濒危野生植物127种，华南特有种360种，广东特有种19种，模式标本种3种。

在127种珍稀濒危保护植物中，有紫纹兜兰、桫椤等国家重点保护野生植物35种，有小金冬青、粘木等珍稀濒危野生植物92种。除此之外，象头山自然保护区66种野生兰科植物被《濒危野生动植物种国际贸易公约（CITES）》（2013）收录。

深山含笑

象头山俯瞰

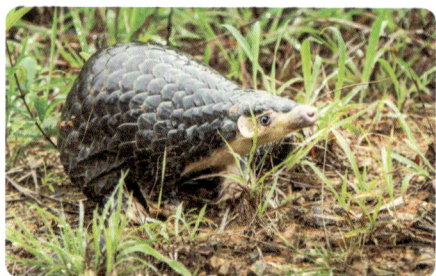

中华穿山甲

3.野生脊椎动物资源

在430种脊椎野生动物中，鱼类72种、两栖纲24种、爬行纲57种、鸟纲225种、哺乳纲52种。在59种国家重点保护野生动物中，有国家一级保护野生动物4种，包括中华穿山甲、小灵猫、白肩雕和黄胸鹀；国家二级保护野生动物中华鬣羚、白鹇、黑鸢、平胸龟、三线闭壳龟、虎纹蛙等55种。"国家保护的有益的或者有重要经济、科学研究价值的陆生野生动物"242种；有重要经济价值的鱼类30种。

（二）象头山保护区科研宣教中心和自然教育径

象头山保护区科研宣教中心位于保护区核心腹地，海拔320～350米，地势相对平缓，群山环抱，溪水潺潺，自然环境优美。成立保护区后，陆续建成科普宣教长廊、森林科学家工作坊、自然教育径、中华穿山甲野外观测台站等，基础配套设施完善，科研宣教中心成为象头山开展自然教育活动的主要场地。

象头山保护区自然教育径按照不同线路，共分为5条主题步道，分别是岭南森林居民主题步道、溪畔漫游自然观察径、"治愈系森林"主题步道、生态小课堂主题步道、自然巡护体验主题步道，总长共8.55千米。本书的10节课程大部分都围绕这些路线上的动植物开展，本节课"家在象头山"主要在岭南森林居民主题步道开展，传达"一方水土一方人"的生态观。

象头山保护区自然教育径线路图

（三）岭南森林居民主题步道

岭南森林居民主题步道是象头山最具有代表性的自然教育径。该步道不仅展示了象头山保护区的丰富自然资源，还融入了岭南传统文化的解说内容。学生可通过教师对沿途具有特色的动植物的讲解开展自然观察，也可以结合步道已设置的解说牌进行自导式游览，以增强对这片土地的归属感和认知。

讲解点1. 岭南佳果——荔枝和龙眼

荔枝树

龙眼树

植物特征

岭南森林居民主题步道的第一个讲解点是荔枝和龙眼。荔枝和龙眼原产我国南方，栽培历史可追溯到两千多年前的汉代，其果实也是象头山保护区所在地惠州市的主要代表性水果。荔枝有着南亚热带果树的典型特征，被誉为"岭南佳果"；苏东坡《惠州一绝·食荔枝》中的描写："罗浮山下四时春，卢橘杨梅次第新。日啖荔枝三百颗，不辞长作岭南人。"龙眼作为另一种岭南果树，其果实丰富多汁，富含营养，特别是将其风干后形成桂圆，具有滋补功效，深受人们喜爱。

昆虫互动

　　观察荔枝蝽和龙眼鸡。荔枝蝽，又称荔枝蝽象，是半翅目蝽科的一种昆虫，特别偏好荔枝、龙眼等无患子科植物。龙眼鸡，是同翅目蜡蝉科东方蜡蝉属的一种昆虫，也被称为长鼻蜡蝉或龙眼蛾。它的体形较小，通常体长2～3厘米，具有鲜艳的体色，特别是其头部有一个长鼻状的凸起，这使得它在外形上非常独特。这种昆虫主要以吸食植物汁液为生，特别偏好龙眼树，因此，也被称为"龙眼鸡"。这种昆虫在象头山的这棵龙眼树上，几乎常年可见，可以说是象头山的"常驻居民"。这两种昆虫，它们在树上吸食植物汁液。学生可以在此观察昆虫的形态，了解植物与昆虫的互动关系。

荔枝蝽

龙眼鸡

文化关联

　　结合岭南凉茶和中药，讲解荔枝和龙眼在中医药中的应用，学生可以分享自己对这些果实的生活经验。

讲解点2. 岭南野菜——乌毛蕨

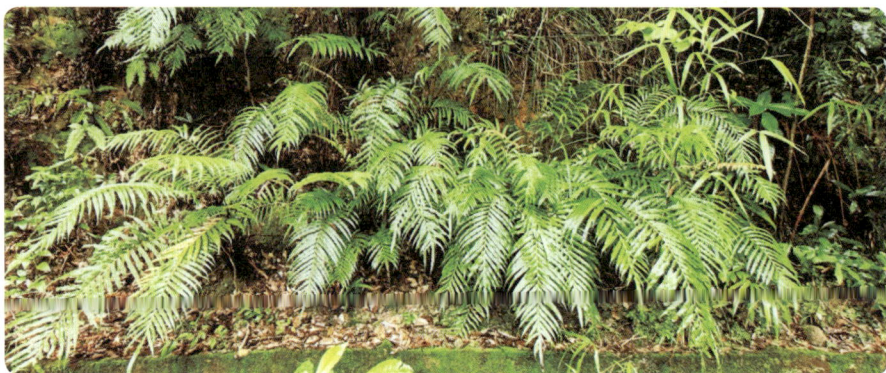

乌毛蕨

植物特征

乌毛蕨是一种常见于象头山保护区的蕨类植物，常见于水沟旁及阴湿的山坡上。其嫩芽也叫"拳卷叶"，像握紧的拳头十分独特。

互动体验

带领学生使用放大镜观察乌毛蕨的叶片，了解它的叶脉结构，并动手描绘乌毛蕨的叶片形态，锻炼学生的观察力。

本土应用

讲解乌毛蕨在当地被作为食材使用的传统，让学生知道植物不仅具有观赏价值，还与当地的生活习惯密切相关。

讲解点3. 擦拭神器——锡叶藤

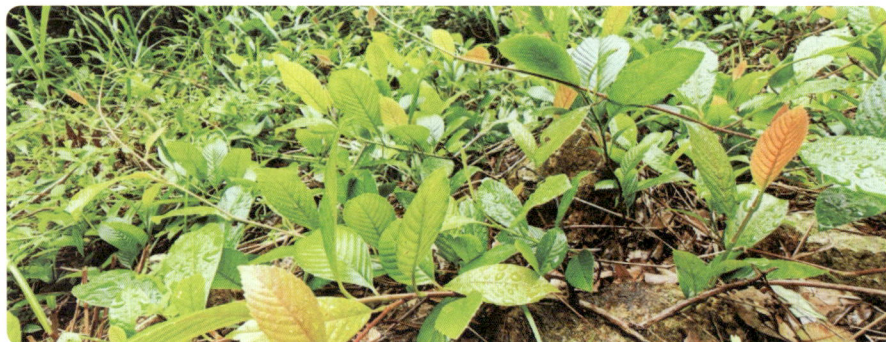

锡叶藤

植物特征

锡叶藤是一种常见的木质藤本植物，长达20米以上，叶面粗糙，生长于华南地区。

药用价值

介绍锡叶藤在中草药中的应用（可用于治疗肠炎、痢疾等疾病），帮助学生理解植物在医疗方面的价值。

文化关联

结合古代锡器的使用，讲解锡叶藤的名字由来，并展示其在擦拭锡器中的传统用途。学生可以用手触摸叶片，感受其粗糙的质地。

古代锡器

讲解点4. 伟岸挺拔——白桂木

植物特征

白桂木是象头山保护区的珍稀树种，其果实呈圆球状，成熟时为橙红色，果实可食用，树干高大伟岸。

保护意义

白桂木在《中国植物红皮书》中被列为易危级植物，讲解其作为珍稀树种在保护区中的重要地位，帮助学生了解物种保护的重要性。

文化关联

分享白桂木在当地被称为"将军树"的原因，展示其作为将军般挺拔的形象，引导学生理解自然与人文的结合。

白桂木

讲解点5. 岭南盆景——笔管榕和细叶水团花

"树抱石"——笔管榕

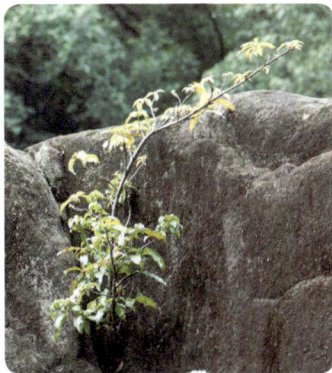

"石抱树"——细叶水团花

步道上的"树抱石"解说牌

植物特征

岭南森林居民主题步道上有一处景点，一棵笔管榕长在花岗岩石头上，细看，树根紧紧缠绕在石头上，故取名"树抱石"；"树抱石"对面有一块巨大的花岗岩石头，石缝里钻出一棵细叶水团花，其开花时形似杨梅，俗称水杨梅，喜欢生长于山谷疏林和溪流边缘，枝条柔制，生命力顽强，是较好的岭南附石盆景的造型素材。

自然景观

结合象头山的"树抱石"景观，展示笔管榕和细叶水团花如何与大石头共生形成附石盆景，帮助学生理解植物在不同生境下的适应能力。

文化关联

引导学生思考自然景观与岭南盆景艺术的联系，讨论植物与石头如何形成美丽的生态组合。

讲解点6：镇宅辟邪——簕（Lè）欓（dǎng）花椒

簕欓花椒

簕欓花椒"降龙木"

植物特征

簕欓花椒是一种带刺的乔木，树干上有类似鼓钉的鸡爪状刺，常见于低海拔坡地和沟谷。

文化关联

讲解簕欓花椒在岭南文化中的辟邪作用，它被称为"降龙木"，常悬挂门前以驱邪避凶。鼓励学生分享他们听过的类似民间习俗，了解植物与民俗文化的关系。

讲解点7：藤编佳材——华南省藤

华南省藤

植物特征

华南省藤是棕榈科的带刺藤本植物，藤茎长达10余米，是象头山保护区常见的植物之一。

日常用途

介绍华南省藤的藤茎在岭南地区用于制作藤椅等日常用品，帮助学生了解植物不仅是自然景观的一部分，还为人类提供了重要的材料资源。

讲解点8：客家山歌——拉翻歌

步道上的"山林激发音乐灵感"解说牌

客家山歌

客家山歌是用当地语言客家话演绎的歌曲形式。客家山歌源于中原古诗词韵律，融合南方土著民歌元素，形成独特的"九腔十八调"，多流传于山区，以歌代话，借山歌排解劳作艰辛、传递情感。带领学生试唱客家山歌《拉翻歌》，通过音乐展示客家文化中的人与自然的关系，感受岭南森林中人与自然的和谐共存。

文化关联

讨论客家人如何通过山歌表达对自然的感恩与尊重，帮助学生认识到音乐和文化在生态保护中的作用。

讲解点9：岭南森林的神奇特征

象头山的森林属于南亚热带季风常绿阔叶林，这些森林的特征包括藤本丰富、板根多、茎上开花结果以及很多植物带刺，这些也是植物适应环境长期进化的结果。本书的"植物智慧多"一课将揭秘这些森林特征背后形成的原因，以及讲述更多植物的生存智慧。

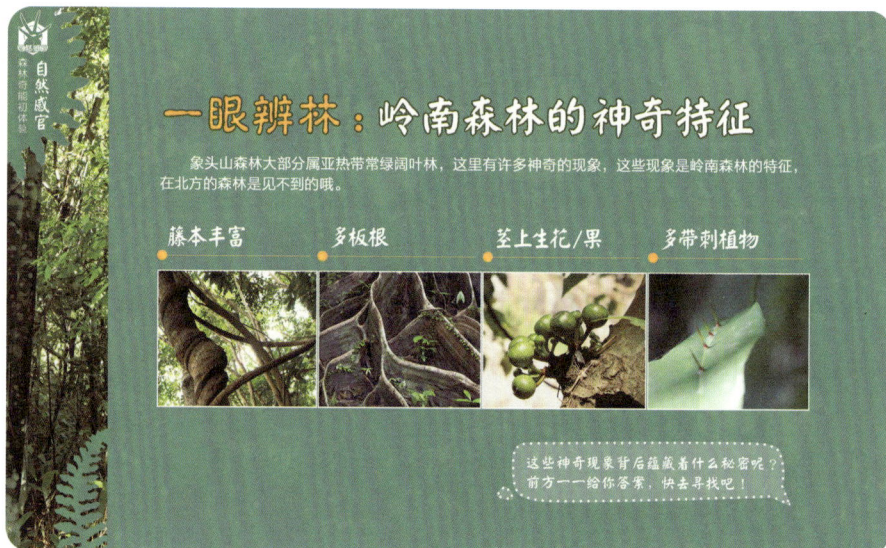

一眼辨林：岭南森林的神奇特征

象头山森林大部分属亚热带常绿阔叶林，这里有许多神奇的现象，这些现象是岭南森林的特征，在北方的森林是见不到的哦。

藤本丰富　　多板根　　茎上生花/果　　多带刺植物

这些神奇现象背后蕴藏着什么秘密呢？前方一一给你答案，快去寻找吧！

步道上的"一眼辨林"解说牌

读懂带刺植物的生存策略

大自然中有许多看似凶悍的带刺植物，但它们其实只是为了在自然界中繁衍生存下去，才演变成了如今的"刺儿头"。

同为生存，各出奇招的刺

有的植物长刺是为保护自己，免受动物侵害。

象头山常见： 省藤　露兜树　菝葜

有的植物的刺长出钩子般的弧度，让自己能不断向上攀援。

象头山常见： 藤黄檀

有的植物的花、叶特化成刺，以减少蒸腾，抵抗干旱。

多为生长在干旱地区的仙人掌科

发现了吗？象头山有许多带刺植物哦，这是因为这里的环境气候适合各种动植物生存，因此生存竞争也更激烈。

步道上的"带刺植物"解说牌

讲解点10：惠州"老药箱"

惠州"老药箱"
——一代岭南人的森林记忆

20世纪50年代至改革开放前，惠州居民都有自家的"老药箱"。这药箱和岭南森林也密不可分——过去的惠州人在森林里采集具有药用价值的植物，外敷或煮水服用，以应付日常一些小病小灾。

象头山——药箱植物宝库

象头山也是天然的"药材库"，惠州"老药箱"的几味传统药用植物都能在这里找到。

金银花
清热解毒

桃金娘（俗称山捻子）
主治风湿骨痛、腰肌劳损

金樱子
祛风除湿、活血散瘀

服用药物请遵医嘱，勿在野外擅自采食。
野外摘自采食药用植物有风险哦，例如象头山上有种带有毒性的藤本断肠草与金银花相似，经常有人由于误食而出现危险。

步道上的惠州"老药箱"解说牌

药用植物：

金银花：具有清热解毒的作用，可消肿散结，是凉茶中常用的重要成分。金银花广泛应用于治疗感冒、咽喉肿痛等疾病，特别适合在湿热的环境下使用。它不仅是药材，也被视为自然界中抗菌消炎的天然成分。

桃金娘：是一种具有抗菌、消炎作用的植物。它的果实可用于治疗腹泻、肠胃不适等，在岭南地区被用于草药汤剂。桃金娘的果实富含维生素C，既是药用植物，又可以作为食材，具有丰富的营养价值。

金樱子：具有活血化瘀的作用，常用于治疗跌打损伤和痛经等症状。金樱子的果实酸甜可口，不仅可以药用，还可以用作果酱或甜品的配料。

文化关联

在岭南地区，凉茶和草药一直是当地人应对湿热气候的重要手段。讲解凉茶的历史和发展，介绍象头山的"惠州老药箱"，展示其中常见的药草和它们的功效。"神奇中草药"一课也将讲述更多岭南人民世代相传的智慧和文化。

讲解点 11：拟态高手——尺蠖（huò）

在岭南森林居民主题步道上，常见到竹节虫、尺蠖等善于伪装的昆虫。尺蠖的伪装策略被称为拟态现象，是生物为了保护自己、躲避天敌而模仿别的生物的形态和行为。本书的"动物在哪里""山间有飞羽"课程会带领学生通过一些常用的技能和工具探索发现动物的踪迹。

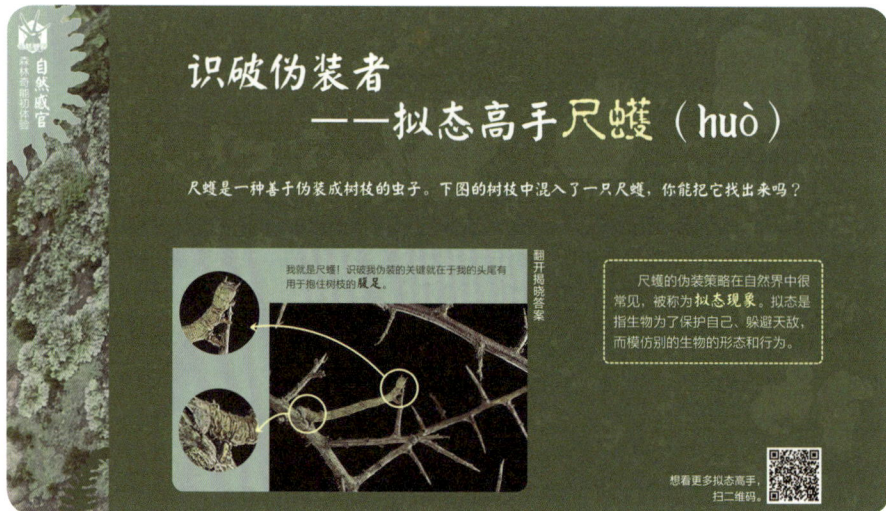

步道上的"识破伪装者"解说牌

讲解点 12：水源涵养林背后的故事

象头山保护区位于南亚热带湿润季风气候区，热量丰富、降水充沛、湿度大、湿季长、旱季短、无霜期长，区内年降水量约2300毫米，河流流域面积361.5平方千米，区内中小型水库均有分布，是东江重要的水源涵养地。岭南森林居民主题步道也是沿着保护区最长的溪流——小金河的溪谷建设。溪谷常年流水潺潺，瀑布跌水随处可见，既体现了森林涵养水源的"海绵效应"，也代表着孕育了众多生灵的生命之源。本书也设置了"溪流的故事"课程。

步道上的"水源涵养林背后的故事"解说牌

讲解点13：自然艺术

步道上的"岭南森林原创艺术品"解说牌

自然保护区除了是野生动植物的家园，也是天然的原创艺术宝库。动物的毛发，植物的叶、花、果均可以成为艺术创作的灵感来源。树叶凋落分解之后形成天然的叶脉标本，再涂上颜色就是漂亮的书签；植物的种子形态多样，可以做成美丽的工艺品；捡拾的自然物经过集体的创作就可以变成"大地艺术"。在大自然里，通过自然观察、记录、绘画、思考、创作，就形成了各种自然文学和自然艺术作品。本书设置的"笔记象头山"课程就是培养孩子们对大自然的观察力、想象力和创造力。

以上的讲解点，主要讲的是当地的岭南居民在和大自然长期互动中积淀下来的森林文化。而除此之外，该步道上还设置了一些介绍岭南森林特征和一些有趣的动植物现象的解说牌，帮助初来象头山保护区的访客认识岭南森林里的动植物"原住民"。同时，对于一个完整的自然教育营期来说，这些解说牌也是对后面课程的一个初步预告。

三、教学模块

（一）导入与构建

模块1　自我介绍

1.1　教师首先进行自我介绍，并介绍自己的家乡。

1.2　教师提问学生是否知道自己的家乡在哪里，让3～5位学生说出不同的家乡地点。

1.3　教师继续提问："我的家乡有什么？"，并引导学生说出自己家乡的独特之处（这里要注意根据课前的知识准备引导学生从著名景点、地理标志物、知名人物、特色美食等多个方面进行分享和补充）。然后，教师可以请两名学生分享一两个关于自己家乡的小故事。

模块2　介绍《向山行》歌曲短片

2.1　教师提问学生是否知道自己现在所在的地方是哪里。对回答出广东、惠州、象头山等关键词的学生，教师给予积极反馈。

2.2　为了让学生更加熟悉自己来到的地方，教师首先播放一首歌曲短片《向山行》，请学生认真观看，同时介绍这也是一首关于"家园"的歌曲。

模块3　构建场景1

3.1　观看完《向山行》歌曲短片后，教师询问学生在《向山行》歌曲短片中，或者在来营地的路上，都看到了什么。回答植物、动物、河流、人、建筑等均可。

3.2　教师根据不同学生的描述，将其画出来。

模块4　构建场景2

4.1　教师将学生分成不同小组，每组发放一张大白纸和一盒彩笔。老师提问学生对象头山的第一印象，并引导小组内的同学在白纸上合作完成一个场景图。

4.2　教师引导学生进行分享，并请学生保存好图片，后面可以继续完善。

（二）教学与实践

模块5　环境对比

5.1　教师引导学生回顾自己的生活环境，并同象头山保护区的场景图作对比。

5.2　教师引导学生从植被完整度等方面说出一些造成不同的原因，引出这里是保护区的意义。

模块6　认识象头山

6.1　教师讲解自然保护区的概念。

6.2　教师对象头山保护区的概况进行介绍。

6.3　教师对象头山保护区重要的生物多样性资源进行介绍，并着重介绍一些有趣的物种知识。

模块7　寻找迷路的象头山精灵

7.1　小组活动：迷路的象头山精灵。将学生按照5～8人一组分成若干个小组，教师下发事先准备好的教具卡片。（卡片见教具，为物种卡片，每张卡片上含有物种名称、形态、生活习性三项内容，卡片中有10张为象头山地区的物种，另外5张为来自高原、极地、海洋的物种。）

7.2　请学生在小组内进行讨论并一起完成任务，找出象头山的"居民"，引导学生根据其生活习性的介绍进行区分。

7.3　学生完成后，教师公布正确答案。

模块8　自然教育径观察（五感体验）

8.1　老师带领学生走进岭南森林居民主题步道进行自然观察。

8.2　在路线上现有解说牌处进行讲解，讲解不同的生物物种及解说牌内容，讲解点之间利用自然观察进行衔接。

模块9　岭南森林与客家文化

9.1　在自然教育径上进行客家山歌《拉翻歌》试唱。

拉翻歌

好久无唱拉翻歌，看等姐公娶姐婆。

阿姆行嫁我烧火，先养我再养阿哥。

天冷就爱着短裤，天热就爱着袄婆。

兜梯下并取鸟窠，上树掀窟捉滑哥。

鸭嫲上山食树叶，羊牯下河呛田螺。

哑仔出来唱山歌，聋牯听到笑呵呵。

（三）分享与总结

模块10　回顾对比

10.1　走完预计行程后，教师让学生集合围成一圈，询问学生现在对象头山的认识与开始相比有什么区别。

10.2　教师请学生介绍对象头山所代表的岭南森林最深刻的印象有哪些。

模块11　分享画作

11.1　引导学生将本小组完善的印象画作进行分享，并给予奖励。

11.2　教师进行总结：象头山是一个生物多样性的宝库，这里的"居民"都是人类的朋友，我们应该充分认识到整个地球都是我们赖以生存的家园，城市给了人类生存空间，而保护区这样的荒野则给了我们这些朋友们庇护等。

（四）任务与拓展

模块12　象头山吉祥物

12.1　"如果请你找一个物种为象头山做代言，你会选择谁？"教师发放"代言人"投票卡，请每位同学写下自己想邀请的"代言人"，并写下理由。请学生写完之后自行投入投票箱。

模块13 生物多样性调查

13.1 教师给学生发放小区生物多样性调查表，请学生回家之后观察自己所生活的小区除了人类，还是谁的家园，将调查表内容进行完善。

（五）模块组合建议

1.针对6～11岁学生的课程

导入与构建：模块1、模块2、模块3。

教学与实践：模块5、模块6、模块7、模块8、模块9。

分享与总结：模块10。

任务与拓展：模块12。

2.针对12～15岁学生的课程

导入与构建：模块1、模块2、模块4。

教学与实践：模块5、模块6、模块7、模块8、模块9。

分享与总结：模块10、模块11。

任务与拓展：模块12、模块13。

四、课程实践与成效

2024年7月14日，在象头山保护区进行了课程实践，刘彩琴老师作了"家在象头山"的介绍。同学们认真听课，尝试创作了"象头山印象"的作品，玩了"寻找迷路的象头山精灵"游戏，第一次到自然教育径进行了户外自然观察。同学们积极参与，成效较好。

学生在课程中共同创作"象头山印象"

学生在玩"寻找迷路的象头山精灵"游戏

象头山保护区管理局副局长刘彩琴（虎颜花）开展"家在象头山"授课

自然教育径户外自然观察

第二课

森林科学家

一、课程概览

（一）内容导读

本课程以"森林科学家"为主题，深入探索象头山保护区的生态管理工作，重点聚焦象头山保护区的日常运作与科研任务。本课程将带领学生了解森林工作者的职责和生态保护的多元手段，通过实际操作和科学探究，展示如何在保护区内开展科研活动，并帮助学生认识这些科研工作的实际意义。

学生将在本课程中学会森林科学工作的一系列基本技巧，包括观察、记录和分析自然现象，了解生物多样性的保护方法，掌握必要的自然探究手段。同时，课程将展示象头山保护区工作人员如何通过科学的方式，持续维护并改善生态环境。这不仅提升了学生的科学认知，还将使他们对自然保护工作的重要性有更深入的理解。

本节课的核心是通过实地考察和互动体验，让学生亲身感受保护区的科研工作，理解生态保护的复杂性和挑战性。学生将围绕"森林科学家"这一角色展开讨论，分享他们的见解，并与团队成员合作完成任务。这种互动式的学习方式有助于提升学生的合作能力，也鼓励他们通过交流分享所学，培养团队精神。

在情感和价值观层面，课程将引导学生认同象头山保护区的自然保护工作，并激发他们的环境保护意识。通过近距离接触象头山保护区的实际运作，学生将更深刻地理解人与自然的共生关系，提升对生态系统保护的责任感，成为象头山保护区的共同守护者。

（二）课程目标

1.知识与能力

①了解森林工作者的日常工作内容；

②学会必要的森林科学工作基本技巧；

③理解生物多样性保护的多元手段及其重要意义；

④引导和教授学生如何在保护区内开展科研工作，以及这些科研工作与保护区的关系。

2.过程与方法

①围绕"森林科学家"表达自己的观点，并与他人进行有效沟通；

②通过必要手段进行自然探究；

③通过实地考察和亲身体验，培养学生的观察、记录和分析能力；

④培养学生的合作与团队精神，鼓励他们分享和交流所学知识。

3.情感、态度与价值观

①认同保护区的保护理念，支持保护区自然保护的工作；

②培养保护自然、保护森林的价值观；

③对象头山的自然保护工作产生共情；

④提高学生的环境保护意识，激发他们保护生态系统的积极态度。

二、知识准备与学习

（一）象头山保护区的工作

1.保护管理工作

保护管理是自然保护区工作的重中之重。多年来，保护区坚持从森林防火、森林资源管护、有害生物监测与预防等方面着手，严格实行森林防火工作"预防为主、科学扑救"的方针，合理设置保护站、配备巡护员、加强社区联防等，严厉打击盗砍乱伐、放火烧山、毁林开荒等破坏森林的违法行为，确保保护区内的生态安全。同时，遵从"预防为主、科学防控"的有害生物防治方针，开展森林资源病虫害的管理工作。

巡护管理

安全风险隐患排查

森林防火半专业队伍演练

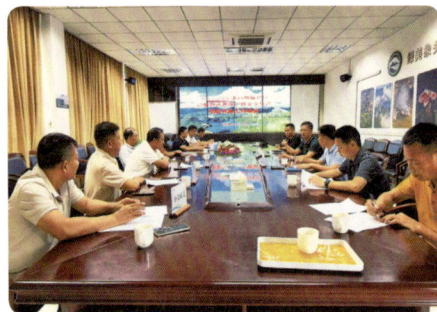

森林防火联防工作会议

有害生物松材线虫病防治

有害生物薇甘菊防治

2.科研监测工作

科研监测对于摸清保护区家底是一项很重要的工作。象头山保护区从自然、动物、植物等方面入手，通过安装气象站、碳通量塔、红外相机等监测设备和设置植物样方的方式来科学地积累各项资源数据，为象头山保护区的科学研究和管理提供决策依据。同时，将象头山保护区收集的各类资源数据存入数据库，并引进数据库技术，搭建"天空地一体化系统平台"，为象头山保护区日常工作提供更高效的数据支撑和决策依据。

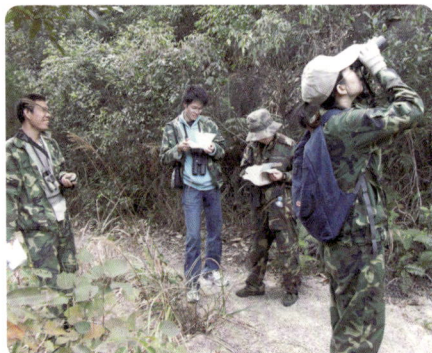

开展鸟类调查

开展植物群落样方调查

开展两栖爬行类调查

开展鳞翅目昆虫调查

开展无脊椎动物调查

开展综合科学考察

开展土壤取样工作

开展栖息地生境修复

开展坡面径流场监测

3.科普宣教工作

象头山保护区管理局注重将科研成果转化为科普知识，通过多元化的

教育方式，打开保护区对外交流的窗口，向社会公众宣传生物多样性、自然资源的科学价值，自然保护区设立的目的和意义，保护与管理历史，以及科研监测成果，弘扬人与自然和谐共生的可持续发展理念，提升公众对自然保护地的认识及保护生态环境的意识。

自然教育基地开放日

自然导师培训

自然教育系列活动

4.资源可持续利用工作

资源可持续利用工作是保护区永续发展的重要方向。近年来，象头山保护区积极探索可持续发展的新模式，通过建立共治圈、科普进乡村和学校、森林疗愈、森林旅游、社区扶持等方式，积极营造保护区与周边社区和居民的关系，为象头山保护区永续发展积极探索新思路。

与良田村村委解决村民复垦工作

林业科普知识进社区宣传

社区扶持——灵芝仿野生种植

成立象头山生态圈共治共管委员会

（二）森林科学家工作坊的空间设置

象头山森林科学家工作坊占地面积165平方米，内部设计兼具展示与教育功能。空间内设有专门区域展示象头山特色动植物标本、图文资料、资源分布示意图以及象头山科研工作者日常工作场景；教学区配备可折叠桌椅，既能满足常规授课需求，也可灵活转换为互动空间，供开展自然教育游戏及实践活动使用，充分实现了自然科普与体验教学的有机融合。

森林科学家工作坊

（三）保护区科研人员日常工作——以植物标本采集和固定样地调查为例

1.植物标本采集

通过植物调查可以掌握某区域植物的生长习性、分布状况、受威胁原因，从而为区域植物资源的保护、管理和可持续利用提供科学依据。而开展植物标本采集是自然保护区调查、鉴别和记录植物种类的重要方法。

（1）采集要求

①采集活动不能影响植物正常生长和生存；

②采集带花、果实或孢子的成熟叶片和完整叶片；

③乔木、灌木植物采集一个枝条（约42厘米长、30厘米宽），复叶要采集完整；草本须挖出根，采集全株；

④详细记录植物的生境信息和形态特征；

⑤拍摄生境照片和植物形态特征照片。

（2）植物标本压制与制作

①采用吸水纸压制标本，确保标本同时有叶片的正面和背面；

②将标本用吸水纸和瓦楞纸隔开，利用标本夹绑紧；

③定期换吸水纸或采用暖风机及时烘干；

④将标本上到台纸上装订保存，张贴记录签与鉴定签；

⑤定期采用紫光灯或低温消毒。

第一步　准备原材料

干净的植物　吸水纸　标本夹　线绳　台纸　标签　针线

制作植物标本｜腊叶标本制作法

第二步　标本夹稳固定

制作植物标本｜腊叶标本制作法

第三步　暖风机速烘干

制作植物标本｜腊叶标本制作法

第四步　紫光灯除霉菌

紫光灯

制作植物标本｜腊叶标本制作法

第五步　台纸装订保存

制作植物标本｜腊叶标本制作法

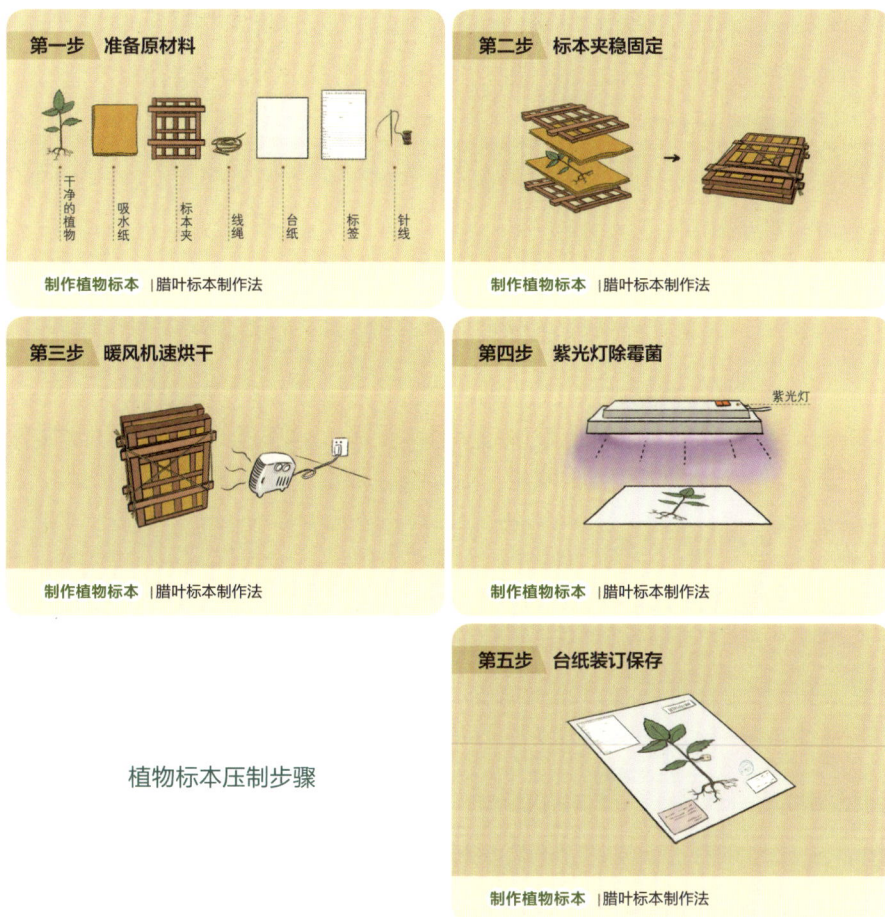

植物标本压制步骤

（3）调查结果

截至2024年，植物学家和象头山保护区通过采集植物标本逾3000份，鉴定表明象头山保护区共有野生维管束植物1966种。

2.植物固定样地调查

在自然保护区建设植物群落固定样地，对固定样地内物种组成和内部结构进行调查和长期监测，可以了解植物群落结构的动态变化，同时结合环境变化，对于揭示植物的空间分布格局及其形成机制、植物与环境的关系、植物群落的演替方向和不同植物之间的共存机制，以及森林健康状况都具有重大意义。开展这项工作，可为保护区检验保护效果、预测保护动态、调整保护措施提供理论依据。

下面以象头山保护区下沛的1公顷固定样地来介绍样方法工作流程。样地调查方法主要参照CTFS【美国史密桑研究院热带森林科学研究中心

（Center for Tropical Forest Science）】样地建设标准以及中国森林植物多样性监测网络样地建设方法。样地投影面积呈正方形（100米×100米）。

（1）设备与材料

①设备：RTK（实时动态测量）工作站或全站仪及配套设施，不同长度标杆，数码相机。

②样地建设材料：水泥标桩（10厘米×10厘米，80～100厘米长）或大理石标桩、聚氯乙烯（PVC）管、砍刀、野外工作必备药品等。

③植被调查材料：主号牌、分支牌、不锈钢丝、测绳、胸径尺、标本袋若干、数据记录本或手持数据录入终端平板、测高枪、雨衣、防水文件袋、记录笔、枝剪、高枝剪、红外望远镜、野外工作必备药品等。

（2）构建坐标系统

选定典型的植被类型的一角为原点，用森林罗盘仪测定轴向，明确尺度。走向的设置应按东西向或者南北向，确保该植被类型都在样地中。

（3）样方格点放样与地形图绘制

利用全球定位系统–实时动态测量（GPS–RTK）测量法、全站仪导线测量法或森林罗盘仪＋测距仪法放样方格点，把样地分成25个投影面积20米×20米的样方，每个20米×20米的样方分为16个5米×5米的小样方。样地四角埋设水泥标桩或大理石标桩，编号；样方和小样方四角埋设PVC管。样地建设完成后，用GPS测定每个标桩的高程数据和每个样方的坡度和坡向，绘制数字化地形图。

（4）每木检尺

对森林固定样地内所有胸径≥1厘米的木本植物胸径处（树高1.3米处的树干周长）刷红漆，挂二维码树牌，进行每木检尺，鉴定植物种名，测量胸径、树高、冠幅、枝下高、坐标。测量数据详细记录于调查表中。

（5）数据分析

①物种重要值：物种重要值是表征物种在群落中的优势度的重要指标。采用公式为重要值=（相对频度+相对多度+相对显著度）/3。

②生物多样性分析：生物多样性指数包括物种丰富度指数、均匀度指数和物种多样性指数等。

③森林蓄积量：基于样地调查资料，根据《中国立木材积表》中立木材积表方程计算。

（6）调查结果

象头山保护区通过固定样方调查，分析出象头山最具代表性森林植物群落如下。

①木荷+华润楠+厚壳桂群系：主要分布在象头山保护区西部，为大面积低海拔次生常绿阔叶林。群落外貌常绿，林冠参差不齐，分层明显。上层乔木可达25米，下层在9米左右。乔木上层以木荷、华润楠、鼠刺占优势，下层分布着密花山矾、水同木、密花树等中小乔木。灌木层以鼠刺、罗伞树、鳌蔊锥等小苗居多，还分布着九节、山油柑等。草本层主要是狗脊、黑莎草、扇叶铁线蕨。

②甜槠+木荷+红花荷群系：主要分布在象头山保护区中部、西南部的中高海拔山地的常绿阔叶林，面积较大，受人为干扰程度较小，自然度较高。本群系乔木层优势种为甜槠、木荷、红花荷，高10~14.5米。郁闭度较高，达0.8左右。灌木层以白果香楠、鼠刺、山血丹等为主，伴生有虎皮楠、罗浮柿等乔木小苗。草本层物种较少，有里白、狗脊、华山姜等，以里白为主要优势种。

③蕈树+鼠刺+铁榄群系：主要分布在象头山保护区的三堆池附近沟旁密林中，受人为干扰程度较小，自然度较高。群落外貌常绿，林冠参差不齐，分层明显。上层乔木可达12米，下层在6米左右。乔木层以蕈树、鼠刺、铁榄占优势，蕈树的优势度非常明显，而灌木层以软荚红豆等乔木的小苗占优势，点状分布着象头山保护区特有植物小金冬青，成分较特殊。

三、教学模块

（一）导入与构建

模块1　森林科学家的邀请

1.1　教师介绍本课程的主题，询问学生："谁知道我们所在的这间教室是什么？"引导学生先环顾观察所在教室（森林科学家工作坊）的环境和布置。

1.2　邀请合适的学生阅读《一封来自森林科学家的信》（打印版）。

一封来自森林科学家的信

亲爱的小探险家们：

作为象头山的森林科学家，我有幸每天都与大自然密切相处，探索它未解之谜，保护它珍贵的生命。今天，我非常兴奋地邀请你们加入这场奇妙的探险——一起成为小小森林科学家！

象头山，这颗北回归线上的绿色明珠，拥有着令人惊叹的生物多样性。从古老的树木到翩翩飞舞的蝴蝶，每一种生命都讲述着自己的故事。但是，这些故事曾经或正在面临威胁，它们需要我们的了解和保护。

在接下来的课程中，你们将踏上一场特别的旅程。我们将一起学习森林科学家的工作内容，探索生物多样性的奥秘，并动手实践如何保护我们的自然家园。你们将有机会扮演不同的角色，体验从植物学家到生态学家的各种职责，使用真正的科学工具，观察、记录、揭示大自然的秘密。

我希望，通过这节课，你们不仅能学到知识，更重要的是，能够激发起对自然的热爱和保护它的决心。未来的保护者，就是你们！

准备好了吗？让我们一起开启这段难忘的探索之旅。拿起你的望远镜，系好你的探险鞋，象头山的奇妙世界等着你们来发现。

期待在探险中与你们相遇！

一位来自象头山的森林科学家

模块2　对森林科学家的定位

2.1　提问与讨论：完成《一封来自森林科学家的信》的朗读后，教师向学生提出问题："同学们，你们知道什么是森林科学家吗？你们心目中的森林科学家是做什么的？"鼓励学生分享他们对森林科学家的理解和想象。

2.2　引导思考：教师总结学生的回答，补充解释森林科学家的职责和工作范围，包括但不限于生物多样性调查、生态系统保护、环境监测等。

模块3　森林科学家的主要工作领域

3.1　介绍森林科学家的工作领域：①生态调查。研究森林中的植物、动物和微生物，了解它们的生活习性和相互关系。②环境保护。设计和实施保护措施，防止生物栖息地被破坏，保持生态平衡。③科学研究。通过

收集数据分析森林的健康状态，研究气候变化对森林的影响。④公众教育。提高公众对森林保护重要性的认识，传播环境保护理念；强调森林科学家不仅是研究者，也是自然的守护者和教育者。他们的工作能帮助我们更好地理解和保护自然环境。

模块4 森林科学家的工作岗位

4.1 告诉同学们这些工作都属于森林科学家的范畴：植物学家、动物学家、昆虫学家、生态学家、土壤学家、环境科学家、森林保护专家、水文学家、生态恢复工程师等。

（二）教学与实践

模块5 象头山保护区森林科学家的工作

5.1 介绍象头山保护区的守卫工作

坚守领土： 展示科学家如何通过地形地貌研究、生态监测和边界巡视来保护象头山保护区的自然资源和生态环境。

发现生命： 展示科学家在野外调查中发现新物种、记录动植物分布的过程，以及他们是如何分类、研究这些生物的。

生态监测： 介绍科学家如何使用先进的科研设备（如碳通量塔、自动气象站、红外相机等）进行生态系统健康状况的长期监测。

模块6 几种代表性森林科学家的工作

6.1 植物学家：①物种调查与分类。植物学家在野外进行植物物种的调查和收集，对发现的植物进行分类、标本制作和记录，发表新种。他们会更新植物种类数据库，为生物多样性研究提供重要数据。②生态系统研究。研究植物在其生态系统中的角色，包括它们如何影响土壤质量、水循环和其他生物的生存。这有助于了解生态系统的健康状况和功能。③保护策略制定。基于对植物种群状况的长期监测，提出保护濒危植物种类的策略，并参与恢复受损生态系统的工作。

6.2 昆虫学家：①昆虫调查与研究。昆虫学家在森林中进行昆虫种群的调查，记录它们的种类、数量和行为习性，发表新种，了解昆虫在生态系统中的角色。②生态关系分析。分析昆虫与植物、捕食者和环境之间的相互作用，研究昆虫对森林健康和生物多样性的影响。③保护与管理策略。根据昆虫对生态系统的贡献（如授粉、分解物质等）制定保护策略，管理害虫种群，保持生态平衡。

6.3 鸟类学家：①鸟类监测与识别。鸟类学家负责监测森林中的鸟类种群，通过观察和记录鸟类的叫声、外形和行为来识别不同的鸟种。②迁徙与繁殖研究。研究鸟类的迁徙模式、繁殖习性和栖息地选择，理解它们对环境变化的适应性和生存策略。③鸟类保护计划。依据对鸟类生态需求的了解，参与设计和实施鸟类保护计划，如恢复鸟类的自然栖息地，保护濒危鸟种。

模块7 展示森林科学家的形象

7.1 教师展示森林科学家形象图，请学生看看这位森林科学家都带有哪些工具。

7.2 教师请学生猜出这位森林科学家的工作岗位或他要开展的工作。与蝴蝶、昆虫等相关的即可。

模块8 选择成为森林科学家

8.1 请学生在教师给定的范围内，选择自己想成为的森林科学家：植物学家、动物学家、昆虫学家、生态学家、土壤学家、环境科学家、森林保护专家、水文学家、生态恢复工程师、病虫害防治专家。

8.2 请学生将自己选择的森林科学家写下来

8.3 请学生在"森林科学家工作坊"内进行自由参观，参观过程中找到与自己想成为的科学家相关的内容（物种、内容介绍、工具等均可）。

8.4 参观完成后，教师引导学生回到座位，并挑选学生讲出自己的森林科学家选择的原因，并分享自己找到的内容。

模块9 体验森林科学家的室内工作

9.1 教师提前准备材料，讲解植物标本制作技巧和步骤，并带领学生制作植物标本。

9.2 学生在室内进行科学实验，使用显微镜观察叶片细胞结构，从而探索生物多样性的微观世界。教师可以进行内容讲解：细胞结构、植物生理功能及其在生态系统中的作用等。

模块10 体验森林科学家的考察工作

10.1 户外探索之旅：在教师带领下进行户外考察，观察本地植物、动物及其生态环境，记录发现。

10.2 强调在户外最小化对环境的影响，安全探索自然。

模块11　体验森林科学家的监测工作

11.1　老师带领学生实地探寻象头山保护区的森林监测工作，使用样方法调查和监测植被情况。

（三）分享与总结

模块12　回顾提问

12.1　教师带领学生一起回顾森林科学家的工作内容，适当对学生进行提问。

12.2　回顾在本课程和户外探索过程中的发现。

模块13　给森林科学家的回信

13.1　教师引导学生回顾森林科学家的来信，并提问"如果现在让你们给森林科学家回信的话，你们想对森林科学家说些什么呢？有哪位同学能够现在分享一下自己的想法呢？"。

（四）任务与拓展

模块14　向他人介绍

14.1　向你的3个同学介绍象头山保护区的物种或者森林保护工作。

模块15　职业探索

15.1　调查你身边人的职业，找出哪些人的工作会跟大自然打交道。

模块16　手写回信

16.1　给森林科学家回信，通过这次活动和你对身边人的调查了解之后，你觉得有哪些话想对森林科学家说呢？请每位参加活动的学生手写一封回信，并回寄到相关信箱（象头山国家级自然保护区管理局）。

（五）模块组合建议

1. 针对6～11岁学生的课程

导入与构建：模块1、模块2、模块4；

教学与实践：模块5、模块6、模块7、模块8、模块11；

分享与总结：模块12、模块13；

任务与拓展：模块14、模块15。

2.针对12～15岁学生的课程

导入与构建：模块1、模块2、模块3、模块4；

教学与实践：模块5、模块6 、模块7、模块8、模块9、模块10、模块11；

分享与总结：模块12、模块13；

任务与拓展：模块14、模块15、模块16。

四、课程实践与成效

2024年7月15日，在象头山保护区进行了课程实践，由胡进霞老师在室内介绍了"森林科学家的主要工作领域"。同学们聚精会神，体验了样方调查，对保护工作有了感性认识，成效较好。

象头山保护区管理局工程师胡进霞（小狐狸）开展"森林科学家"授课

来自惠州的同学诵读《来自森林科学家的一封信》

象头山森林派出所民警在课程现场参与互动

森林科学家工作坊室内探索（一）

森林科学家工作坊室内探索（二）

学生体验植物样方调查活动

植物智慧多

一、课程概览

（一）内容导读

作为主题自然课程，本课程充分利用象头山保护区丰富的植物资源，依托其森林生态系统的独特性，带领学生探索植物的奥秘。在象头山保护区开展植物类课程具有天然的优势，本课程将引导学生从自然观察中欣赏、爱护并学会保护植物，深入了解植物的生存智慧与本土植物的多样性，激发他们的植物保护意识。

植物的生长、开花与结果过程蕴含着独特的生存策略，如榕属植物通过与榕小蜂的共生关系实现传粉，展示了植物在生态系统中独特的智慧与适应能力。课程将通过实例，让学生体验这些神奇的自然现象。

同时，本课程要求教师具备一定的植物学基础知识，尤其是植物的生长、开花、传粉等过程的科学观察能力。本课程包含户外活动部分，因此教师需提前熟悉观察路线及季节性植物的变化情况，确保学生在不同季节的学习内容有趣且富有变化。同时，户外活动的安全管理及不同年龄段学生的安全教育也需要教师充分重视。

在课堂上，教师将通过生动的引导和趣味互动帮助学生更好地融入自然学习环境。结合自然笔记和户外游戏，本课程设计将有效增加课堂的趣味性，避免学生因为过于单一的叙述而感到乏味。通过灵活运用植物状态的变化与丰富的课程模块，学生将更容易了解、欣赏和保护身边的植物。

通过本课程，学生不仅能学会从不同角度观察植物，还能增强他们对植物保护的责任感，自觉成为自然的守护者。

（二）课程目标

1.知识与能力

①了解植物生存的智慧；

②了解本土植物的多样性；

③认识几种象头山保护区的植物。

2.过程与方法

①掌握植物观察方法；

②通过观察植物的生长过程，了解植物生存的智慧；

③思考和讨论植物面临的生存问题及解决方法。

3.情感、态度与价值观

①培养欣赏、爱护及保护植物的态度；

②关注身边植物的多样性，认识植物的生长规律。

二、知识准备与学习

（一）象头山保护区植物监测及保护工作

象头山保护区自成立以来，非常重视培养自己的科研力量，坚持开展植物资源调查。区内的维管束植物从成立保护区之初的1627种，已增加到现在的2188种。同时，经过20多年严格的保护，象头山保护区的森林资源不断恢复，陆续发现植物新种与新记录：先后发现4个植物新种与新变种，分别是博罗红豆、小金冬青、惠州堇菜、光果金樱子；发现了1个广东省新分布属——苦苣苔属。

象头山保护区先后完成了《广东象头山国家级自然保护区植物图鉴》《广东象头山国家级自然保护区珍奇特有植物》等图书的编写出版和《广东象头山国家级自然保护区兰科植物：垂直分布格局》等25篇科研论文的发表；完成16个植物固定监测样地的调查建设；完成了象头山保护区特有种博罗红豆的专项研究等，在珍稀濒危植物的保护、繁育及相关技术上积累了丰富的经验。

（二）象头山保护区常见的代表性植物和特色植物

1.蛇苔

蛇苔科苔藓植物，叶状体宽带状，表面有很多规则的小凸起，花纹如同蛇皮，雌雄异株。蛇苔是体形最大的叶状体苔类之一，喜湿度比较大的生境。

蛇苔

2.深绿卷柏

卷柏科蕨类植物，茎匍匐状生长，具假根支撑。叶深绿色，4列排列于一个平面上。孢子囊穗生于枝顶，四棱形，生于密林下或阴湿沟谷边。

深绿卷柏

3.芒萁

里白科蕨类植物，植株高达3～5米。叶轴多回两叉分枝，一回叶轴较长，二回以上的羽轴较短。叶坚纸质，上面绿色，下面灰白色，无毛。孢子囊群圆形，由5～7个孢子囊组成。耐贫瘠，为酸性土指示植物。

芒萁

4.杉木

柏科裸子植物，高达30米。幼树树冠尖塔形，大树树冠圆锥形。雄球花圆锥状，通常40余个簇生枝顶；雌球花2～4个集生。球果卵圆形。为我国亚热带地区栽培最广的用材树种。

杉木

5.马尾松

松科裸子植物，常绿高大乔木。树皮红褐色，裂成不规则的鳞状块片。针叶，2针一束。球果圆锥状卵圆形；种子长卵圆形。为荒山造林先锋树种。

马尾松

6.大花紫玉盘

也叫山椒子，番荔枝科粗大木质藤本。花单朵与叶对生，紫红色或深红色，直径达9厘米。果黄色，圆柱状。采用攀缘和缠绕方式攀爬到林冠层获得阳光。

大花紫玉盘

7. 橙黄玉凤花

为地生兰科植物。夏季开花，花朵如同橙色的小飞机。分布于亚热带各地区。在象头山保护区海拔100～700米的林下阴湿处或山谷石上比较容易见到。

橙黄玉凤花

8. 红花荷

常绿乔木，别名红苞木、吊钟王，是华南特有种，分布于广东、广西和香港等地。开花时，片片红色花瓣形成弯垂的头状花序，像是一个个吊钟挂满枝头，活泼可爱。头状果序有蒴果5个。是良好的景观树，由于不易燃，可用于营造生物防火林带。在象头山保护区，红花荷是冬日重要的蜜源植物，当花开满树时，喜欢甜食的鸟儿们就成了树上的常客，叉尾太阳鸟、暗绿绣眼鸟、红耳鹎和绿翅短脚鹎等特别喜欢在红化荷树上停留，吸食其花朵里的花蜜。

红花荷

9.毛叶茶

山茶科小乔木。叶薄革质，长圆形，侧脉 10～12 对，在下面稍凸起，边缘有细锯齿。花单生于枝顶；苞片 3；花瓣 5，倒卵圆形。蒴果圆球形，1 室，有种子 1。花期 7～8 月。国家二级保护野生植物。在当地被称为白毛茶，不含咖啡因，含较高的可可碱。

毛叶茶

10. 黄叶耳草

茜草科多年生直立草本。茎钝方柱形。叶对生，无柄，长卵形；托叶三角状披针形。聚伞花序密集成头状，顶生；花冠淡紫色，被长柔毛。其在象头山保护区海拔300～900米的林缘或路边较为常见。

黄叶耳草

11. 博罗红豆

象头山保护区的模式标本植物，特有种，豆科红豆属的一种小乔木，生长在海拔700～900米的阔叶林中。博罗红豆是我国仅有的两种单叶红豆之一，它与单叶红豆也有明显的区别，博罗红豆的叶柄长达2～3厘米，是单叶红豆的约5倍长；叶片的材质和花冠的颜色等都有区别。博罗红豆的花是典型的蝶形花，由旗瓣、翼瓣、龙骨瓣构成了蝶形花冠；博罗红豆的果是豆科典型的荚果，荚果里是具有鲜艳红色种皮的种子。

博罗红豆是20世纪90年代由王英强和陈邦余教授在象头山保护区发现并命名的，数量很少，仅有400余株，是象头山保护区最具特色的特有植物，是国家二级保护野生植物和极小种群物种，在分类学上具有重要意义。

在自然条件下，博罗红豆能结果的大树少，结实率较低，其美味的种子常引来虫蛀，种子萌发率也低。象头山保护区2019年以来采取积极的保护措施，保护它们的栖息地，设立固定监测样地，开展物候监测，进行扦插及种子繁育实验，通过基因测定研究它的居群之间的亲缘关系，力求增加其野外种群数量，以避免它们从地球上消失。

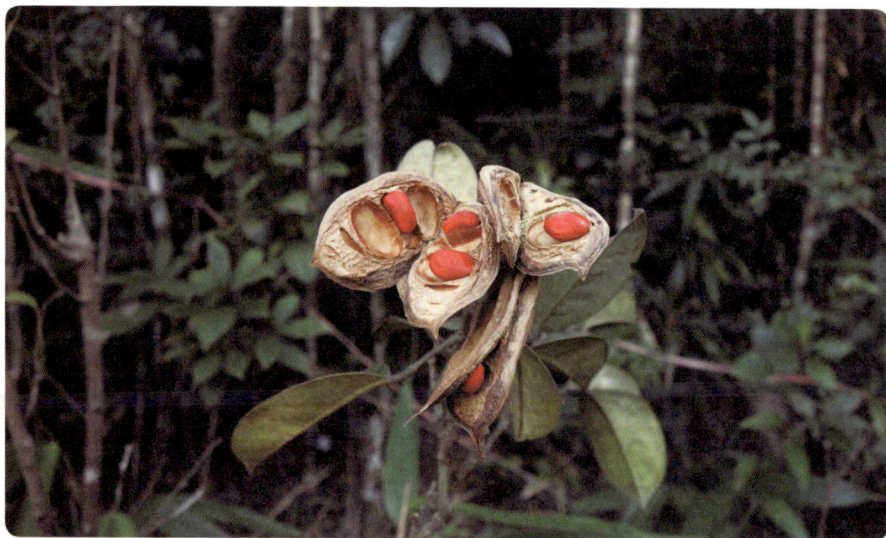

博罗红豆

12. 小金冬青

象头山模式标本植物，为冬青科常绿灌木，高1～2米。全株无毛。小枝圆柱形，具纵棱。叶片革质，狭披针形。花小，杂性，4基数，黄绿色。果有棱，通常单生或2个聚生叶腋，近球形。花期3—5月，果期6—10月。为象头山特有种，也是20世纪90年代由王英强和陈邦余教授在象头山保护区发现并命名的，目前已知仅分布于象头山保护区海拔300～800米的沟旁密林中。现仅存1000株，是极小种群物种。

小金冬青

13.光果金樱子

攀缘状灌木，高达4米。三出羽状复叶，边缘有锯齿。花单生于侧枝顶端；花瓣5片，白色。果倒卵形，外面无刺毛，宿存萼片5片。花期3—6月，果期6—12月。广东特有种和极小种群物种，产于象头山保护区小金河流域，生于海拔700～750米的旷野灌丛中。

光果金樱子

14.惠州堇菜

惠州堇菜是中山大学团队和象头山保护区团队于2018年3月联合发现的新种，其形态特征与广州堇菜最为相似，都具有发育良好的根状茎和有须毛的侧花瓣，但又有明显的差别：惠州堇菜有更粗壮的根状茎、缺少直立茎、叶尖钝和全株有浓密的短柔毛。惠州堇菜最早发现在象头山保护区大人岩，目前仅生于海拔400～800米阔叶林的潮湿崖壁和岩石上。

惠州堇菜

15.紫纹兜兰

兰科兰属植物。叶背常具紫红色斑点或条纹，叶片排列成莲座状，长度可达15～25厘米。单花顶生，花茎直立，唇瓣特化为兜状（拖鞋形），紫红色或深紫色。花期通常在冬季至早春（11月至翌年3月）。国家一级保护野生植物，在象头山保护区内有少量分布，种群结构相对稳定，但因其对生境依赖性高，分布区狭窄，种群生存力较低。

紫纹兜兰

（三）象头山保护区植物的智慧

植物虽然不会移动，但在长期的进化过程中，进化出各种为了繁衍后代的智慧，如保护智慧、招蜂引蝶智慧、协同进化智慧、捕虫智慧、懒惰者的思路、攀爬智慧等。下面分别举例说明。

1.保护智慧

①乌毛蕨：植株高0.5～2米。叶簇生于根状茎顶端。其幼嫩时，叶片呈拳卷状，把生长点保护在里面。

乌毛蕨

②甜槠：是象头山保护区最容易见到的壳斗科乔木。其总苞把坚果全包在里面，苞片为分枝的针刺形，坚果果皮坚韧。其种子在未成熟时富含单宁，多重保护机制避免其被动物所食。到成熟时，其总苞裂开，引来倭花鼠等搬运储存，而被遗漏的坚果在林下发芽，长出新的植株。

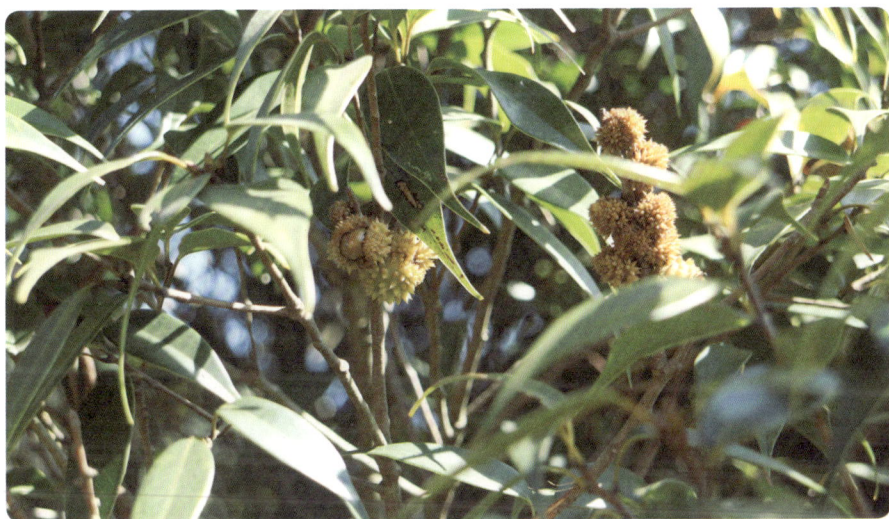

甜槠

2. 招蜂引蝶智慧

①疏齿木荷：为山茶科常绿乔木。叶边缘有疏钝齿。花6～7朵簇生于枝顶叶腋。花中富含花蜜，夏季引来蜜蜂、金龟子、蝴蝶等帮忙传粉。

疏齿木荷

②竹叶兰：兰科地生草本植物。花序通常长2～8厘米，具2～10朵花，每次仅开1朵花；花粉红色或略带紫色、白色；唇瓣艳丽，唇盘上有3～5条褶片，侧裂片内弯而围抱蕊柱；蕊柱稍向前弯，以艳丽的花招引熊蜂等到来帮忙传粉。其茎多汁，也是蚂蚁"放牧"的去处。

竹叶兰

3.协同进化智慧

①榕树和榕小蜂：在象头山自然教育径上有多种榕树，在其果实累累的时候能看到各种翠绿可爱的榕果生在老茎之上，榕小蜂们十分活跃，演绎一场场"生死相依"的自然故事。榕树和榕小蜂经历了亿万年的互利共生，达成了生死契约。在榕小蜂只有1～2天的短暂生命中，它必须在约定的时间内准时进入榕果中，才能完成榕果的传粉和自己的繁衍。它的后代又必须在约定的时间从榕果中出来，才能顺利开始下一个生命的轮回，其

对叶榕

杂色榕

间只要有片刻的迟疑和失误，就是生和死的遗憾。

②香港大沙叶与固氮菌：香港大沙叶是茜草科常绿小乔木，单叶对生，春夏开花，夏季结果。向着阳光，从下往上看，香港大沙叶的叶片背面有很多斑点，像是满天的星星，所以，香港大沙叶还有一个名字叫满天

香港大沙叶

星。这些斑点是固氮菌。固氮菌和香港大沙叶形成了一种互利共生的关系。香港大沙叶给固氮菌提供适宜的栖息地，固氮菌吸收空气里的氮气，把氮元素这种营养物转化为植物可以吸收的氮肥，促进香港大沙叶的生长。可以说，固氮菌是优质"租客"，按时交"房租"。

4.捕虫智慧

①锦地罗：是一种能捕虫的小草。它主要生长在象头山保护区自然教育径沿路小金河边一处开阔向阳的潮湿石壁上。它的叶片上的腺毛分泌很多黏液，可以轻松黏住经过的小昆虫，分解虫体蛋白质来取得氮素营养。同时，它的花莛长得特别高。这样，它既可以捕食昆虫，也不会误伤给它传粉的昆虫。

锦地罗

②挖耳草：是一种挺水小草本，在象头山自然教育径的生态池塘可以看到它们的身影。它的捕虫工具是捕虫囊，生在叶器、匍匐枝和假根上，像是一个侧扁的小球，上面有一个囊口，囊口上还长有细毛。每当有微小的水生生物游过时，会被吸入捕虫囊内，慢慢被消化吸收掉。

挖耳草

5.懒惰者的思路

①寄生藤：檀香科半寄生藤本。叶基的脉有3条。花通常单性，雌雄异株。核果卵状或卵圆形，带红色。寄生藤深入地下寄生在其他植物的根或茎上，吸取营养而生活，其寄生不易被人发现。由于有绿叶，也可以进行光合作用，属于半寄生。

寄生藤

②野菰：列当科寄生植物，专门寄生在禾本科植物的根部。每年夏季开花，在路边的五节芒的根部，常能看到它的身影。它的花呈喇叭状，花大色艳，紫红色的花朵常能吸引小昆虫。它会提供很多花蜜作为报酬给为它传粉的昆虫。它不自力更生，不像其他植物利用叶片的叶绿素通过光合作用生产养分供自身生长，而是专门吸收寄主植物的营养，供自己生长使用。它与香港大沙叶上的固氮菌相比，是有名的差评"租客"，业主不仅收不到"房租"，还要给其交"水电费"，赶又赶不走，令人头疼。

野菰

6.攀爬智慧

①星毛冠盖藤：绣球花科藤本植物，长可达16米。叶对生，长圆形。伞房状圆锥花序顶生，花白色。由于无法直立，星毛冠盖藤在枝上长了很多不定根用于攀爬，以获得充足的阳光。

星毛冠盖藤

②蔓九节：茜草科半木质常绿藤本，长可达5米。其叶对生，比西瓜子略大。聚伞花序顶生，花小，白色，芳香。浆果状核果近球形，白色。其攀附枝能够长出很多气生不定根攀附于树上或石上，确保其能够获得充足的阳光。

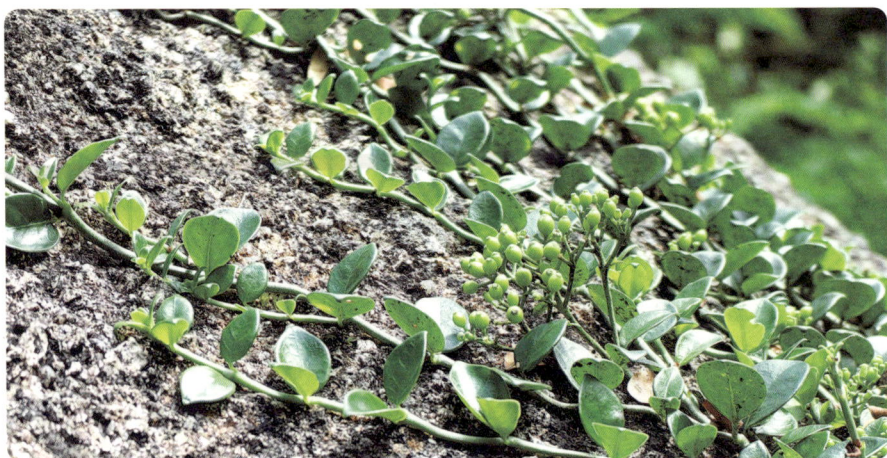

蔓九节

三、教学模块

（一）导入与构建

模块1　植物智慧启蒙

1.1　启发式提问：开场提问，引发学生思考植物是否具有智慧。

1.2　故事引入：通过讲述象头山保护区内的植物（如红花荷）的故事，展示植物的生态智慧。

1.3　图片互动：展示多种植物图片，让学生猜测它们可能的"智慧"行为。

模块2　认识植物

2.1　教师利用五感体验，将学生以触觉感受引入植物课程。

2.2　教师使用不透明的袋子，分别装入不同形态、特征的叶子、枝条和果实等，邀请4～5位学生伸入袋子触摸袋子里的东西，并画下来。未触摸的学生看画来猜是什么。

2.3　教师在学生多轮猜测之后揭示答案，并简单介绍。

（二）教学与实践

模块3　植物智慧介绍

3.1　教师介绍植物智慧的概念，包括生态、生理、化学等智慧类型，为学生提供背景知识。

3.2　教师让学生描述自己最喜欢的一种植物，讨论它身上存在哪种独特的智慧。

模块4　认识植物结构

4.1　教师展示一株韩信草的实物或图片，并提问学生："这株植物由哪些部分组成？"

4.2　教师引导学生观察和识别出植物各处结构，并提问学生以上结构分别具有哪些作用。

4.3　教师逐一对以上结构进行具体讲解，并引导至茎组织部分。

模块5　植物防御策略

5.1　教师展示两面针的图片，提问学生："这个叶子为什么会长刺？它的作用是什么？"

5.2　教师提问："植物为了更好地生长，使茎叶不被昆虫等啃食，还会给自己配置什么防御装备呢？"

5.3　教师引导学生思考：植物为了保护自己演化出怎样的防御机制，演化出来的这些防御机制如何避免自己被啃食等。

模块6　反客为主的植物

6.1　教师展示象头山保护区的食虫植物锦地罗图片，提问学生："锦地罗叶子上的'水珠'有什么作用？"待学生回答后，教师再解答锦地罗分泌出来的黏液是用来捕食昆虫的，通过消化被捕食昆虫来补充所需营养。

6.2　教师播放（或现场观察）锦地罗捕食昆虫的过程。

6.3　教师提问学生："锦地罗开花后，帮它传粉的昆虫会不会也被它的黏液黏住？有什么办法让昆虫在帮自己传粉时不会被黏液黏住呢？"学生回答后，教师再解答锦地罗通过长出长长的花茎，让花离叶子很远，这样昆虫就不会被看似甜蜜的黏液吸引住了。

模块7　植物智慧猜猜乐

7.1　植物特征展示：通过展示象头山保护区的植物的特定部分或功能

的图片（如铁芒萁的刺、杂色榕的叶片），让学生猜测这些特征是如何帮助植物生存的。

7.2 角色扮演游戏：学生扮演不同的植物角色，通过简单的对话或动作，描述自己的"智慧"特征，其他学生猜测他们扮演的是哪种植物。

模块8 自然观察之旅

8.1 植物探秘：学生在教师的带领下，沿着象头山保护区的自然教育径进行观察，注意植物的生长环境和形态特征。

8.2 生态智慧讲解：在观察的同时，教师针对学生观察到的植物（如红花荷、杂色榕）进行现场讲解，解释这些植物适应环境、保护自己或与其他生物互动的"智慧"。

8.3 植物日记：鼓励学生记录观察到的植物，可以是绘画、写作或拍照（在不破坏植物的情况下），以便后续分享和讨论。

（三）分享与总结

模块9 观察分享会

9.1 观察成果汇报：学生利用植物日记中的记录，准备简短的汇报，分享对植物智慧的观察和理解。

9.2 互动问答：在分享会上，鼓励学生相互提问，讨论观察到的植物和生态智慧，增强理解和记忆。

模块10 植物知识总结

10.1 教师总结植物的花、茎、叶知识，强化学生对植物的印象。

10.2 邀请学生分享在本次活动中印象最深刻的部分，思考自己可以为植物保护做些什么。

（四）任务与拓展

模块11 附近植物的观察

11.1 观察住处附近的植物，思考它们都有什么有意思的生存智慧。

模块12 学校植物的观察

12.1 观察学校的一种植物，描述和记录它长什么样、怎么生长等。

模块13 身边植物的长期观察

13.1 尝试长期记录观察身边的一种植物，记录它们都有什么变化。

（五）模块组合建议

1.针对6～11岁学生的课程

导入与构建：模块2

教学与实践：模块4、模块5、模块6、模块8

分享与总结：模块10

任务与拓展：模块12、模块13

2.针对12～15岁学生的课程

导入与构建：模块1

教学与实践：模块3、模块6、模块7、模块8

分享与总结：模块9

任务与拓展：模块11、模块13

四、课程实践与成效

2024年7月16日，在象头山保护区进行了课程实践，由张粤老师在室内介绍了"植物智慧多"，并带到岭南森林居民主题步道进行认知。同学们聚精会神，积极参与，对植物多样性与智慧有了粗浅认识，成效较好。

象头山保护区管理局科研宣教科科长张粤（山樱花）开展"植物智慧多"授课

户外植物观察

厦门大学李振基教授现场讲解植物的智慧

神奇中草药

一、主题概览

（一）内容导读

本课程依托象头山保护区的丰富植物资源，带领学生走进中草药的世界，探索植物在传统医学和文化中的重要地位。然而，本课程的核心并不在于鼓励学生在野外或保护区内自行采集中草药，而是通过认识中草药，发现植物保护的重要性，并引导学生理解中国传统文化中的自然智慧。

象头山作为南亚热带的生物多样性丰富的区域之一，孕育了许多珍稀药用植物，这为开展中草药教育提供了绝佳的条件。但本课程强调的是，学生应在专业的指导下，通过观察、记录等科学手段，学习中草药的基础知识和其在生态系统中的作用。

本课程设计旨在通过实地考察和科学实验，提升学生的观察能力和科学素养，教导他们如何通过合理、可持续的方式了解中草药而非通过直接采集进行学习。同时，本课程也注重传承中国传统文化，通过展示中草药在历史和现代医学中的应用，引导学生认识到自然与文化的深刻联系。编者希望通过中草药的学习，使学生不仅掌握科学知识，还能理解象头山植物资源的珍贵性，并进一步树立植物保育意识。

象头山是植物和人类的共同家园。本课程鼓励学生尊重自然，认识到每种植物在生态系统中的重要性，以及它们对于维持生物多样性的重要作用。通过本课程的学习，学生将学会珍惜植物资源，理解保护中草药等珍贵植物的必要性，从而成为植物保育的支持者和中国传统文化传承的实践者。

（二）课程目标

1.知识与能力

①提供中草药的基础知识，包括识别、种植和利用；

②提高学生运用中草药进行自我养生的能力。

2.过程与方法

①教授学生通过观察、实践和体验来学习中草药知识的方法；

②培养学生进行科学实验和数据收集的技能。

3.情感、态度与价值观

①培养欣赏、爱护及保护植物的态度；

②关注身边植物多样性，认识植物的生长规律。

二、知识准备与学习

（一）惠州中草药文化

象头山保护区位于惠州市博罗县，与被誉为岭南中医药文化地标的罗浮山毗邻而居。同时，因为惠州市地处岭南客家文化圈，其客家文化与岭南中草药传统深度融合，形成了兼具历史底蕴与现代创新的独特文化生态。

岭南地区由于气候湿热，夏季漫长，易引发湿热相关疾病（如湿疹、暑热、消化不良等），中草药中的清热祛湿类药材（如金银花、土茯苓、薏苡仁等）能针对性调理，成为日常保健的重要手段；再加上岭南气候湿热，植物种类多样性高，本地的草药种类繁多，也推动了岭南中药草的发展和普及。其中，最具代表性的是凉茶文化和煲汤文化。王老吉、二十凉茶等品牌广为人知，凉茶铺遍布街头巷尾，既是饮品也是"药饮"，成为日常生活的一部分。另外，岭南人擅长将中草药融入家常饮食，如煲汤时加入枸杞、党参、玉竹等，既调味又保健。这种"寓医于食"的传统，使中草药成为饮食文化不可或缺的一部分。

客家人南迁时携带中原医药知识，结合岭南湿热环境与土著草药经验，形成南北融合的针对性疗法，并将其应用于药膳同源的日常实践。如惠州客家餐桌常见五指毛桃炖鸡、艾草煮蛋、土茯苓炖排骨等菜品，就是利用土茯苓祛湿、五指毛桃健脾、艾草消食健胃等特性。而清明食艾粄、端午挂菖蒲、夏日饮仙人粄等融入岁时节令，体现"治未病"理念。

（二）象头山保护区有药用价值的常见及特色植物

特别提示：介绍有药用价值的植物，目的是科普中草药知识，让人们发现本草的奥秘，领略中华医学的博大精深。切忌自己采摘服用，例如，有人把大茶药错认成金银花采回家误服，严重的可致死。敬请大家遵医嘱，去医院或药店购买中成药或制备好的中药材，一定用科学的方法治病、生活。

1. 黄花蒿

菊科蒿属一年生草本植物，具浓烈香气，浅绿色，多分枝，花朵极小。东晋葛洪的古代中医方剂著作《肘后备急方》记载"青蒿一握，以水二升渍，绞取汁，尽服之。"我国科学家屠呦呦及其研究团队从这句话获得了提取活性物质的灵感，即在较低的温度中提取青蒿素有助于保持药物的抗疟活性。黄花蒿所含的青蒿素是治疗疟疾的有效成分，这一有效成分的浓缩，挽救了非洲数以百万计的患者生命。2015年，屠呦呦凭借发现用于治疗疟疾的有效成分——青蒿素，获得了诺贝尔生理学或医学奖。

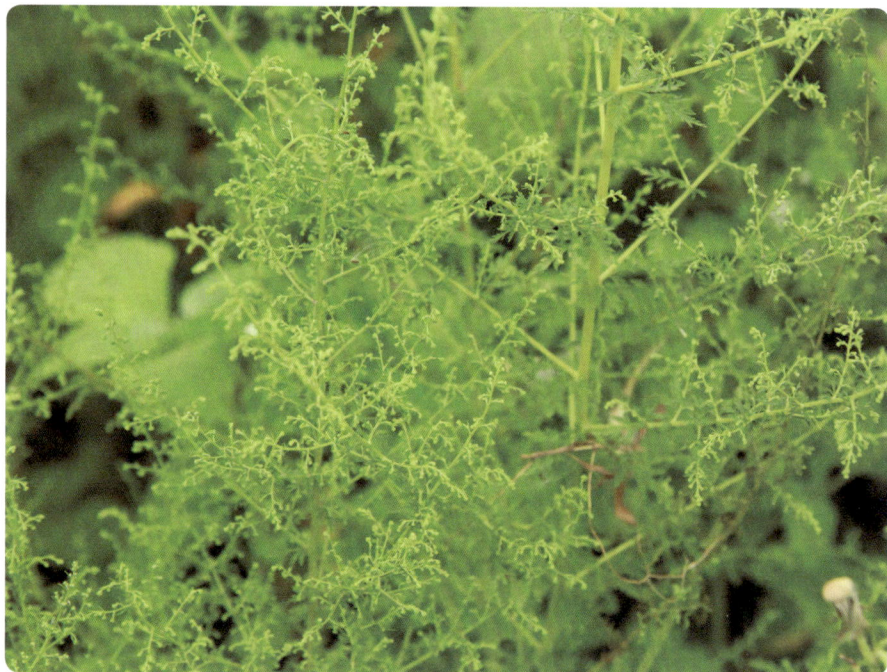

黄花蒿

2. 土沉香

瑞香科小乔木。树皮暗灰色。叶革质，圆形至长圆形，先端锐尖，叶正面紫绿色，光亮，侧脉多而密，明显，小脉纤细，近平行。花芳香，黄绿色。蒴果卵球形，幼时绿色。花期春夏，果期夏秋，产于广东、海南、广西、福建。其老茎受伤后所积的树脂，俗称沉香，可作香料原料，并为治胃病特效药。

土沉香

3.南方红豆杉

红豆杉科常绿乔木，喜湿润凉爽气候，多生于中国亚热带地区海拔800～1500米的山地阔叶林或竹林中，适应酸性土壤，怕积水。其树皮、枝叶含的紫杉醇，是全球公认的高效抗癌成分（尤其对乳腺癌、卵巢癌有效），但需化学提纯使用。传统中医偶用其叶外敷消肿，但全株有毒，不可自行内服。因野生资源濒危，南方红豆杉现为国家一级重点保护野生植物，抗癌药物多通过人工培植或化学合成获取。

南方红豆杉

4.艾

艾的分布广泛，适应性强，全国除极端干旱高寒地区外均有生长。其挥发油可抑菌、平喘镇咳，全草入药能温经散寒、止血消炎，尤擅调理虚寒性妇科疾病及老年慢性支气管炎、哮喘，外用煮水洗浴可防母婴感染。艾叶制艾绒用于艾灸养生，或作驱虫消毒的天然农药。艾草的嫩芽及幼苗还可作菜蔬，客家美食之一艾粄，就是用艾叶汁制作而成。艾叶汁有消食健胃、散寒除湿、消肿散结的功效，因此客家人有"清明前后吃艾粄，一年四季不生病"的说法。

艾

5.三桠苦

芸香科小乔木，喜阴湿，多生于我国南方荫蔽山谷。嫩枝节扁，三小叶油点明显，花淡黄白色，果熟蓝黑色。全株入药，清热解毒、消炎止痛，治咽喉肿痛、风湿关节痛及蛇虫咬伤，可解断肠草毒。其根叶是"三九胃泰"核心成分，缓解胃痛、湿热胃炎。外用煎洗或捣敷，内服需遵医嘱，虚寒体质慎用。

三桠苦

6.草珊瑚

　　常绿半灌木，茎与枝有膨大的节。多生长于中亚热带至南亚热带林下阴湿处。全株可供药用，可直接加工成浸膏，为生产中成药的原料；有清热解毒、祛风活血、消肿止痛、抗菌消炎的功效，主治流行性感冒、各类炎症、风湿关节痛、闭经、创口感染等；还可用于治疗胰腺癌、胃癌等恶性肿瘤；还有广谱抗菌和消炎、降解尼古丁毒素、镇咳、祛痰作用等；也可供提取芳香油。

草珊瑚

7. 秤星树

冬青科落叶小乔木，又名梅叶冬青，在广东博罗一带被称为岗梅。其长枝纤细，呈栗褐色，具淡色皮孔，短枝多褶皱，具宿存鳞片和叶痕。叶片膜质，边缘有锯齿。花小而白色。果球形，熟时黑色。花期3月，果期4—10月。路旁常见。具有清凉解毒、生津止泻的功效，可治热病口燥渴、热泻，急性扁桃体炎，咽喉炎和感冒等多种病症，还可用于驱虫。

秤星树

8. 猴耳环

豆科落叶小乔木，小枝有明显棱角。喜湿热环境，多生于我国华南、西南山地溪边或湿润林区。猴耳环得名于其独特的荚果形态，即成熟时黑色环形或螺旋卷曲，形似猴子的耳环吊饰。其枝叶入药，性凉味苦涩，具有清热解毒、消肿止痛功效，常用于治疗咽喉肿痛、烧伤烫伤、湿热痢疾，外敷可缓解湿疹、疮疡肿毒及毒虫咬伤。民间也常用其枝叶煮水洗头，利用其抗菌消炎特性，缓解头皮瘙痒、脂溢性皮炎及毛囊炎，亦可加入皂角、侧柏叶增强清洁效果。惠州地区将其作为林下中草药规模化种植。

猴耳环

9.淡竹叶

　　也叫作林下竹、山鸡米等，为禾本科多年生草本。喜阴湿，多生于山坡林下或溪边。全草入药，性寒味甘淡，能清热除烦、利尿通淋，缓解心火旺、口舌生疮及小便短赤，体寒者慎用。体质虚寒人群、孕妇、经期女性忌用。岭南地区常用来作为煲凉茶材料。

淡竹叶

10.九节

又名山大颜、九节木，是茜草科常绿灌木或小乔木，喜温暖湿润环境，多生于我国南方山林阴湿处。枝近四方形，花果期几乎全年。其根、叶入药，性寒味苦，具有清热解毒、消肿止痛、活血化瘀等功效，常用于治疗咽喉肿痛、跌打损伤、风湿骨痛等；鲜叶捣烂外敷还可缓解毒蛇咬伤、疮疡肿毒及下肢溃疡。

九节

11.桃金娘

为酸性土指示植物，根、叶、果均可入药。其根含酚类、鞣质等，有治慢性痢疾、风湿、肝炎及降血脂等功效；而果实被当地人称为"山稔"，味道甜美，是岭南有名的野果之一。桃金娘在象头山保护区分布广泛，有一处山顶因其聚集生长而得名为金娘坪。

桃金娘

12. 粗叶榕

粗叶榕在民间俗称五指毛桃，分布广泛，常生长于深山幽谷，因其叶子长得像五指，而且叶子长有细毛，果实成熟时像毛桃而得名。具有健脾补肺、行气利湿、舒筋活络等功效，客家人常用来煲汤。

粗叶榕

13. 土茯苓

土茯苓为南方山林常见攀缘灌木，喜温暖湿润、疏松土壤，耐阴。中药能祛湿解毒、通利关节，常用于湿疹、痛风、关节肿痛，性平味甘淡，归肝胃经，久服需防伤阴。客家人常用来煲汤。

土茯苓

三、教学模块

（一）导入与构建

模块1　中草药神秘箱

1.1　通过"神秘箱"的趣味形式引出本课主题中的岭南特色中草药。在这个活动中，学生可以每人抽取一种中草药，尝试猜测和探索。

1.2　教师引导学生从草药的颜色、触感、气味等方向来分享自己抽取到的中草药样本，对草药的名字留下悬念。

（二）教学与实践

模块2　认识中草药

2.1　教师诵读《诗经·小雅·鹿鸣》，并讲解中草药的历史与文化背景。

2.2　教师通过一系列的图像和故事，展示中草药在岭南文化和中医中的历史角色，强调一些著名草药，如桂圆、巴戟、砂仁、灵芝等的传统用途和现代研究。

2.3　教师介绍中草药在现代生活中的实际应用，如在烹饪、美容、健康保健方面的使用。

模块3　象头山的中草药

3.1　教师展示象头山保护区及其周边地区常见的中草药，如艾、草珊瑚、秤星树、三桠苦等，讲解它们的识别特征、生长环境和药用价值。

3.2　教师将"神秘箱"中的样本继续设置成小型的识草药游戏，提供对应草药的图片或实物，让学生根据它们的特征来识别。

3.3　教师揭秘每一个中草药样本的名字和典型特点。

模块4　中草药采集

4.1　教师讲解如何在自然环境中可持续地采集中草药，包括识别成熟的植物等。

4.2　教师强调在自然保护区内保护中草药资源的重要性，讨论过度采集对生态系统的潜在影响。

模块5　养生八段锦

5.1　教师简要介绍养生八段锦的历史背景和对人体健康的益处，如通

过这些练习调和身心、改善气血流通。

5.2 教师逐一示范八段锦的每个动作，包括正确的呼吸方法和动作要领。

5.3 学生跟随教师一起练习，教师在旁边指导并纠正动作。练习过程中，鼓励学生专注于身体的感受和周围的自然环境，体验身心合一的放松状态。

5.4 练习结束后，教师组织一个简短的分享会，学生分享他们在练习中的感受和体验。

5.5 教师带领学生讨论如何将养生八段锦融入日常生活，以促进健康。

模块6 户外寻找和观察中草药

6.1 学生在指定的地点集合，教师向学生简要介绍今天的活动和目标，并再次强调课程目标。

6.2 教师分发给每位学生一张包含中草药图片和描述的名单，名单上列出了要寻找的中草药，如艾、淡竹叶、三桠苦、海金沙等。

6.3 学生跟随教师开始沿着象头山保护区的步道行走。步道应该选择有植被和草药生长的区域。

6.4 学生根据名单上的中草药名称，尝试在周围环境中找到它们。教师鼓励学生通过观察植物的外貌、叶片、花朵和果实以及触摸、嗅闻植物，来识别中草药。

6.5 教师在学生找到中草药时，进行更详细的解释和描述，包括该植物的特征、生长环境和药用价值，并指导学生做好笔记，鼓励学生提问并答疑。

模块7 中草药香包手工制作

7.1 教师向学生简要介绍中草药香包的历史和文化背景，以及香包在中草药传统中的重要性。

7.2 教师依次介绍用香包制作的中草药，如植物及成品中药材的图片，并简要讲解药效。可以制作中草药香包的有艾、丁香、香茅草、薰衣草、陈皮、菖蒲、薄荷、紫苏、白芷、藿香、迷迭香等。

7.3 教师准备5~6个单种中药材包让学生抽取，并让学生猜一猜抽中的中草药是哪一种。学生取出包中的中药材，通过观察、嗅闻的方法，判断种类。在这个过程中，教师可以与学生讨论不同中草药的香气特点以

及它们对情绪和健康的影响。

7.4 教师准备香包及各种干燥的中草药材料，确保每位学生都可以制作香包。

7.5 学生将中草药放入香包中，然后绑紧抽绳，确保香料不会漏出。

7.6 学生完成香包后，可以展示自己的作品，并分享制作过程中的体验和感想，然后随身佩戴，出发前往自然教育径，实地认识中草药植物。

（三）分享与总结

模块8 日常应用

8.1 学生分享他们从"中草药神秘箱"活动中学到的内容，或者讨论他们家族中可能使用的传统草药配方。

8.2 教师引导学生讨论如何将中草药知识应用于日常生活，增进健康和福祉。

模块9 创新思考

9.1 教师鼓励学生思考并讨论创新的中草药使用方式，如在烹饪、美容或家居中的应用。

9.2 教师提供一些简单的创意使用示例，激发学生的想象力。

（四）任务与拓展

模块10 中草药实践活动

10.1 探索一种中草药的功效，并制作简易药包或食疗方案。

10.2 在校园或自家种植兼具观赏与药用价值的植物，打造"药香园"。

（五）模块组合建议

1. 针对6～11岁学生的课程

导入与构建：模块1

教学与实践：模块2、模块3、模块5、模块6、模块7

分享与总结：模块9

任务与拓展：模块10

2. 针对12～15岁学生的课程

导入与构建：模块1

教学与实践：模块 2、模块 3、模块 4、模块 5、模块 6

分享与总结：模块 8

任务与拓展：模块 10

四、课程实践与成效

2024 年 7 月 16 日，在象头山保护区进行了课程实践，由张粤老师在室内介绍了"神奇中草药"，并带大家练习了八段锦，练习了香包手工制作，到岭南森林居民主题步道进行了中草药的认知。同学们聚精会神，积极参与，对中国传统中医药有了粗浅认识，成效较好。

象头山保护区科研宣教科科长张粤（山樱花）开展"神奇中草药"授课

认识中草药

养生八段锦

同学们现场制作中草药香包

户外寻找和观察中草药

动物在哪里

一、课程概览

（一）内容导读

这是一节以象头山保护区内脊椎动物和节肢动物多样性为核心的课程，旨在通过互动教学和实地探索，带领学生深入了解各种动物的生境与行为。本课程不仅帮助学生认识保护区内的兽类、鸟类、两栖动物、爬行动物、鱼类、昆虫、蜘蛛、蚯蚓、蜗牛等物种，还教授他们如何利用现代科技工具（如红外相机）进行动物行为观察和生态追踪。这些技能是现代野生动物研究与保护的重要基础。

本课程设计注重实践体验，学生将通过实地考察与科学探究，学习如何观察和记录动物的行为，并理解这些行为对生态系统的影响。特别是通过红外相机等科技工具的应用，学生可以在不干扰动物的前提下获取宝贵的观察数据，掌握现代野生动物研究的关键技能。

本课程的核心目标并不是鼓励学生在野外与动物直接接触或干扰它们，而是通过科学方法和数据分析，帮助他们深入理解动物行为和生态系统。编者希望学生在学习过程中能意识到保护自然的重要性，并认同保护区的生态保护理念。

本课程不仅提供了丰富的实践学习机会，也注重提升学生对自然和野生动物的爱护之情。通过深入理解动物在生态系统中的作用，学生将更好地认同生态保护的理念，增强他们作为未来环境守护者的责任感和使命感。

（二）课程目标

1.知识与能力

①了解象头山保护区的常见动物种类；

②学习使用科学工具（如红外相机）进行野生动物观测和数据收集。

2.过程与方法

①培养学生的观察力和探究能力，通过实际参与和体验来学习；

②鼓励学生通过团队合作和互动学习来提升问题解决和沟通的技能。

3.情感、态度与价值观

①增进学生对野生动物和自然环境的爱护与尊重；

②提升学生对生物多样性和环境保护的意识。

二、知识准备与学习

（一）象头山保护区动物监测及保护工作

　　象头山保护区自成立以来非常重视动物调查、监测和保护工作。保护区除了设置动物监测样线，还同时开展网格化监测，即把保护区划分为1千米×1千米，在每个千米网格的中心点附近结合兽道布设一台红外相机，通过长期监测积累数据进行分析，摸清保护区动物分布情况和种群动态有针对性制定保护措施。

　　象头山保护区从2018年首次用红外相机监测到国家一级保护野生动物中华穿山甲的活动影像。经过连续数年的持续监测，确定了象头山中华穿山甲是广东省甚至全国范围内分布较为集中且难得具有稳定繁育能力的种群。象头山保护区把对中华穿山甲种群的保护列为最重要工作之一，开展了区内和区外中华穿山甲种群的拓展调查、洞穴调查、生境修复等工作，建设了中华穿山甲野外科学观测站，也建设了智能化动物监测体系——象头山保护区天空地一体化系统。

（二）象头山保护区天空地一体化系统

1.基本情况

　　象头山保护区信息化系统自2011年开始建设，至今已经建成天空地一体化系统。该系统主要包含地理信息系统、办公管理系统、资源管理系统、生态监测系统、视频管理系统、巡护管理系统、高清防火监测系统等主要模块，并与视频监测点、防火设备、样地复查等设施设备进行了系统对接，做到实时监测与数据保存管理。

　　自2020年开始，根据业务需要新增了红外相机监测、自然资源调查、环境监测、风险隐患排查等模块，其中包含与红外相机、700米无线网络、调查应用程序（APP）、气象监测等设备的对接。数据影像等资料通过移动

终端、无线网络等手段进行收集、回传等，同时中心服务器将数据分类保存并形成报表，自动生成分析报告，为科学研究提供数据依据。

2.动物监测中用到的主要系统模块

（1）调查管理

以地理信息系统（GIS）为基础，构建出以象头山保护区、栖息地和物种为重要内容的动物数据库，建立评估和历史动态差异分析方法。利用地理信息系统准确快捷地传输数据定位和数据调查，同时，将数据调查与人工智能自动物种识别技术相结合，精准识别物种类型，建设生态保护人工智能应用体系。

（2）智能相机

基于人工智能及3S（地理信息系统GIS，全球定位系统GPS，遥感RS）技术，集野生动物图像数据存储、分析、物种识别、相机管理于一体，为野生动物研究、保护和管理提供更便捷的工具。其功能包括相机分布管理、图像文件管理、人工智能（AI）自动识别、统计分析等。

象头山保护区天空地一体化系统

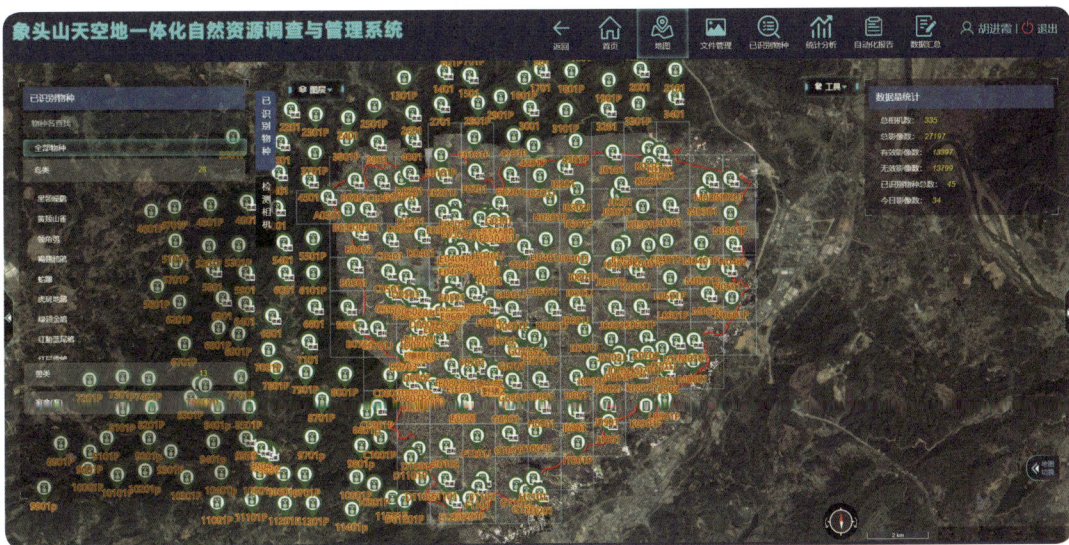

象头山保护区智能相机分布

（三）一部红外相机的自述

一部红外相机的自述

我是象头山红外相机007号，一个默默无闻却承载着重要使命的森林守护者。在2020年3月的一个平凡日子里，我迎来了职业生涯中最激动人心的时刻——首次记录到了一只中华穿山甲从备孕到育幼长达23天"坐月子"的全过程。当穿山甲妈妈成功背上宝宝出洞的那一刻，我仿佛能感受到母爱的温暖与生命的奇迹，而这一切都被我静静地捕捉到并保存了下来。

第一大收集树叶备产　　　第十天外出补充"月子餐"　　　第23天出月子"带娃"

在我服役的一千多个日夜，我始终坚守在象头山的怀抱中，用我的镜头捕捉着这片森林的每一个生动瞬间。赤麂在林间跳跃，鼬獾在草丛中觅食，野猪在泥潭里打滚，白鹇在枝头优雅地站立，豹猫在夜

色中敏捷地穿梭……这些野生动物都是我镜头下的常客，也是我心中最宝贵的记忆。

如今，我已经完成了我的使命，光荣退役。但我的故事并没有结束，因为还有300多个和我一样的小伙伴在象头山继续着我们的守护之旅。而他们拍到的影像，可以实时上传到象头山天空地一体化中心，自动存储成大数据，为科学有效地保护提供支撑。

我们虽然无法言语，但我们的镜头记录下更多关于森林的故事，成了大自然与人类沟通的桥梁，让更多的人能够了解这片森林，关爱这里的每一个生命，为保护这片神奇的土地贡献我们的一份力量。

（四）象头山保护区常见野生动物

1.中华穿山甲

鳞甲目穿山甲科哺乳动物。体形较小，头部短小，耳郭大，尾巴扁平，无牙齿，依赖沾满黏液的细长舌头捕捉猎物。四肢短粗有力，全身覆盖坚硬重叠的鳞片，颜色主要为黑色、棕色和深灰色。鳞片间、两颊、眼、耳、颈腹部、四肢外侧及尾基部长有白色和棕黄色硬毛。分布于中国、不丹、印度、老挝、缅甸、尼泊尔、泰国和越南。主要栖息于原始和次生热带森林、石灰岩地区、竹林、阔叶林和针叶林、草地及农田等地带，常常昼伏夜出。以白蚁和蚂蚁为主要食物，为国家一级保护野生动物。

中华穿山甲

2.鼬獾

食肉目鼬科哺乳动物。体背及四肢外侧淡灰褐色或黄灰褐色、暗紫灰色至棕褐色，头部和颈部色调较体背深，头顶后至脊背有一条连续不断的白色或乳白色纵纹。栖息于河谷、沟谷及山地的森林、灌丛和草丛中，白天一般都隐居在洞中，入夜后便外出活动、觅食。以蚯蚓、虾、蟹、泥鳅、小鱼、蛙，昆虫和鼠科动物等为食，也吃植物果实和根茎。

鼬獾

3. 黄腹鼬

食肉目鼬科哺乳动物，俗称黄鼠狼。背部呈咖啡色，头、颈、背部、四肢及尾部皆与背色一致，下巴为白色，腹部和喉部为沙黄色。多栖息于山地森林、草丛、低山丘陵、农田及村庄附近，主要占用其他动物的洞为巢，白天很少活动，一般是黄昏时候开始活动，在夜间更加活跃。其性情凶猛，行动敏捷。食物以鼠类为主，也吃鱼、蛙、昆虫等。

黄腹鼬

4. 花面狸

食肉目灵猫科哺乳动物，俗称果子狸。其头部具有标志性的黑白"面罩"，面部有一道自鼻端至头后的白色纵纹，面颊也有白色的斑纹。主要栖息于常绿或落叶阔叶林、稀树灌丛、间杂石山稀树裸岩地，多栖息于野果丰富的森林中。善于攀爬，白天主要在洞穴、岩缝、树洞或土穴中休息，夜间活动。主要以野果和谷物为食，也捕食小鸟、鸟卵和其他小型动物。

花面狸

5.豹猫

食肉目猫科哺乳动物。身上的斑点像中国的铜钱，体形和家猫相仿，但更加纤细，腿更长，是国家二级保护野生动物。主要栖息于山地林区、郊野灌丛和林缘村寨附近。为地栖类动物，窝穴多在树洞、土洞、石块下或石缝中，攀爬能力强，在树上活动灵敏自如。夜行性，晨昏活动较多。主要以鼠类、蛙类、蜥蜴、蛇类等为食。

豹猫

6.斑林狸

食肉目林狸科哺乳动物，俗称九节狸。体侧的颜色图案由大斑点和从前额到肩部的2条黑色纵纹组成，尾长几乎等于头体长，有8～10个尾环和白尾尖，是国家二级保护野生动物。行动快速敏捷，夜行性，多营地栖生活。食物包括鼠类、鸟、蛙和昆虫等。

斑林狸

7.赤麂

偶蹄目鹿科哺乳动物。额部有"V"字形黑色条纹，身体大部分呈赤红色，腹部的毛发灰白色。雄赤麂有直而短的单叉形角，角柄特长，雌赤麂无角，但其额顶的相应部位存在微微突起和束状黑毛。通常栖息于山地的树林、草灌丛中，尤其是多灌丛草莽的地区。性格胆小，一般为独栖，晨昏活动频繁。采食各种植物的枝叶、嫩芽、花。

赤麂

8.中华鬣羚

偶蹄目牛科哺乳动物，又名苏门羚。它的角像鹿不是鹿、蹄像牛不是牛、头像羊不是羊、尾像驴不是驴，也被称为"四不像"，是国家二级保护野生动物。主要活动在针阔叶混交林、针叶林或多岩石的生境。单独或成小群生活，多在早晨和黄昏活动，行动敏捷，善于在陡峭的山岩间跳跃。以各种灌木的嫩枝叶和杂草为食。

中华鬣羚

9. 倭花鼠

啮齿目松鼠科哺乳动物。背毛短，呈橄榄灰色；腹毛淡黄色；侧面的亮条纹短而窄，呈暗褐白色，中间的两条亮条纹模糊，侧面一对较清楚，眼下的灰白色条纹与背上其他亮条纹不相连。栖息于森林密集地带的杉、松、槠等树洞上，善于攀高跳跃，大部分时间在树上活动，偶可见下地活动，喜单独活动，晨昏觅食活动频繁。通常以栗子、杉子、松子及其他野果或树上的昆虫为食。

倭花鼠

10. 中国豪猪

啮齿目豪猪科哺乳动物。浑身长满刺，臀部的刺特别长，尾巴隐藏在刺里，额和前背的棘刺基部毛色淡棕色，上部白色，体深棕色，颈部有一白色条纹。夜行性动物，白天躲在洞内睡觉，晚间出来觅食。行动缓慢，反应较差，夜出觅食常循一定的路线行走，并连续数晚在同一地点觅食。主要以植物的块根、果实、种子为食。

中国豪猪

11. 白眉山鹧鸪

鸡形目雉科鸟类。体长约30厘米。额白色，一条白色眉纹直达头后并向下弯到颈的两侧；上体橄榄褐色，头顶、枕和后颈栗褐色；头和颈的两侧、颏和喉为淡橙栗色。常在林下茂密的植物丛或林缘灌丛地带活动。主要以橡子、浆果等植物果实与种子为食，也吃昆虫和其他小型无脊椎动物。

白眉山鹧鸪

12. 白鹇

鸡形目雉科鸟类。雄性头部羽冠和下体呈蓝黑色，面部裸露，为鲜红色，而雌性呈褐色或橄榄褐色。体态优雅，有"林中仙子"的称号，是广东省的省鸟，国家二级保护野生动物。栖息于森林茂密、林下植物稀疏的常绿阔叶林和沟谷雨林，喜欢在晨昏活动。繁殖期4—5月，一雄多雌制，营巢于林下灌丛间地面凹处或草丛中。主要以植物幼芽、块根、果实和种子为食。

白鹇

13.凤头鹰

隼形目鹰科鸟类。胸部有白色纵纹，腹部及大腿白色，具近黑色粗横斑，颈白色，有近黑色纵纹至喉，具2道黑色髭纹，国家二级保护野生动物。通常栖息在2000米以下的山地森林和山脚林缘地带，性情机警，善于藏匿，常躲藏在树叶丛中。繁殖期在3—5月。中等猛禽，主要以蛙类、蜥蜴、鼠类、昆虫等动物性食物为食，也吃鸟和小型哺乳动物。

凤头鹰

14.紫啸鸫

雀形目鸫科鸟类。前额、头顶至背及肩羽和颈侧呈深紫蓝色，羽端具较密集的亮蓝色斑点，腰至尾上覆羽的深紫蓝色较暗而杂黑褐色，翅和尾羽暗褐色，外表呈紫蓝色。地栖性，单独或成对活动，常在溪边岩石或乱石丛间跳来跳去，有时也到村寨地边灌丛中活动，性活泼而机警。在地面活动时主要是跳跃前进，停息时常将尾羽散开并上下摆动，有时还左右摆动。在地上和水边浅水处觅食，主要以昆虫和昆虫幼虫为食，也吃蜂、蚌和小蟹等其他动物，偶尔吃少量植物果实与种子。

紫啸鸫

15. 眼镜蛇

有鳞目眼镜蛇科爬行动物。主要在白天活动，性情凶猛，受惊扰时，常竖立起前半身，颈部平扁略扩大，作攻击姿态，并发出"呼呼"声。毒性很强，其毒液属混合型毒素，既有神经毒，又有血液毒。以捕食啮齿动物、两栖动物、鸟类及鸟蛋为主。

眼镜蛇

16. 黑眶蟾蜍

无尾目蟾蜍科两栖动物。有一双黑色的眼眶，皮肤粗糙，背部多为黄棕色或灰黑色。夜行性动物，白天常隐蔽在土洞或墙缝中，栖身于阔叶林、河边草丛及农林等地。主要以昆虫等为食。

黑眶蟾蜍

17. 福建大头蛙

无尾目叉舌蛙科两栖动物。体形粗壮而短，头大，背面灰棕色或黑灰色，一般沿疣粒上散有黑斑；背部肩上方有一对"八"字形深色斑，两眼间有镶浅色边的深色横纹。常栖于林区山路两旁潮湿的沟坑和积水环境中，有落叶和杂草，水底多为泥沙和石头，白天多隐蔽在落叶或杂草间，行动较迟钝。主要食物来源是林区昆虫。

福建大头蛙

18. 花狭口蛙

无尾目姬蛙科两栖动物。背面有1条十分醒目的镶深色边的棕黄色宽带纹，从两眼间开始，绕过眼睑，折向体侧延伸至胯部，略呈"∩"形，在"∩"形宽带内为深棕色的大三角形斑纹。栖息在住宅附近或山边的石洞、土穴中，也有隐匿于离地面不高的树洞里，雄蛙夜晚鸣叫声洪亮似牛，被捕捉后身体鼓胀近于球形。主要以蚁类为食，也捕食其他昆虫、蜘蛛等。

花狭口蛙

19.竹节虫

竹节虫目竹节虫科昆虫。形状细长似竹节，中至大型，体色多为绿色或褐色，具有高超的隐身术，能根据光线、湿度、温度的差异改变体色，与植物形状相吻合，使天敌难以发现，被称为著名的伪装大师。栖息在高山、密林和生境复杂的环境中，平时生活于草丛或林木上，白天静伏在树枝上，晚上出来活动。以叶为食。

竹节虫

20.大刀螳

螳螂目螳螂科昆虫。体形较大，呈黄褐色或绿色；头部三角形；前胸背板、肩部较发达；后部至前肢基部稍宽；前胸细长，侧缘有细齿排列；前翅革质，后翅比前翅稍长。雌性腹部特别膨大。成虫行动活泼，以蚊、蝇及叶蝉等小动物为食。

大刀螳

21.透顶单脉色蟌

　　蜻蜓目色蟌科昆虫。雄虫体绿色，有强烈的金属光泽，翅顶端稍透明，靠近翅基部约占翅膀1/3的区域为蓝色，其余为黑色。雌虫胸部古铜绿色，后方有黄色细纹，翅褐色且具白色较短的伪翅痣。

透顶单脉色蟌

22.绿尾大蚕蛾

　　鳞翅目大蚕蛾科昆虫。成虫豆绿色，翅粉绿色，前后翅中央各有一椭圆形眼斑，外侧有1条黄褐色波纹，后翅尾状，特长，约40毫米。成虫昼伏夜出，有趋光性，日落后开始活动，深夜最活跃。幼虫食叶成缺刻或孔洞，稍大便把全叶吃光，仅残留叶柄或粗脉。广泛分布于亚洲各地。

绿尾大蚕蛾

23. 报喜斑粉蝶

鳞翅目粉蝶科昆虫,又名红肩粉蝶。天鹅绒质感的黑色打底,前后翅正面辅以灰白色的箭纹和斑块;后翅反面布满了大小和形状都很随意的碎斑,呈现出极具活力的柠檬黄色,和黑色的翅膀形成了鲜明对比。幼虫主要以檀香科的寄生藤和桑寄生科的植物为主,成虫主要生长于花丛等地带。华南地区的冬天,大部分蝴蝶已经销声匿迹,报喜斑粉蝶依旧淡然地转悠在野外。

报喜斑粉蝶

24. 斑络新妇

蜘蛛目肖蛸科节肢动物。头胸部银白色,腹部背面有鹅黄色和银白色相间的斑纹,腹面有2条鹅黄色花纹,由于身上有人脸形状,也叫人面蜘蛛。在树林、竹林及果园中结网,这种网拉力巨大,因此,这种蜘蛛甚至可以捕食小型鸟类。主要以昆虫为食。

斑络新妇

25.好胜金蛛

蜘蛛目园蛛科节肢动物。背甲呈鲜艳的橘黄色，表面覆盖着密集的白毛，胸甲暗褐色，腹部灰黄色，背面有众多黑褐色横带，交织有细长纵带，形成独特的格斑纹路。在4个方向上织出密集的白色丝带，看起来如同字母，可起到诱捕功能，因为白色丝带对紫外线具有更强的反射能力，而很多昆虫对紫外线具有趋光性，所以能增加捕食昆虫的成功率。主要以昆虫为食。

好胜金蛛

三、教学模块

（一）导入与构建

模块1 观看宣传片

1.1 开始课程时，教师播放短片《象头山宣传片》，介绍象头山保护区，展示其自然景观和野生动物，并引导学生观察短片甲的动物内容。短片播放结束，教师鼓励学生分享在视频中看到的动物，给予反馈。

模块2 讲解学习目标

2.1 向同学们展示并讲解学习目标。

（二）教学与实践

模块3 象头山保护区常见动物

3.1 教师展示象头山保护区常见动物的象头山保护区实拍影像，并介绍相应动物的习性及保护现状、文化延伸等内容。

3.2 开展活动"动物追踪挑战"，教师提出谜题，鼓励学生基于之前的学习进行推理和回答，并在每个问题猜完之后展示动物影像。可从前面的动物中任选3～4个。

模块4 如何在野外找到动物

4.1 教师讲解兽类观察的技巧，通过提问来引导学生思考：如何在野外找到动物。

4.2 教师向学生讲解野生动物观察中常用的方法。比如，一般在野外会通过脚印、粪便、痕迹、洞穴、声音、尸体等来初步观察会是什么动物。

模块5 方法实践

5.1 教师向学生展示脚印图片，请学生猜测是哪种动物留下的。

5.2 教师通过鸡爪的形状引导至雉鸡类动物，进一步讲出白鹇，并向学生讲解白鹇的特征和作为广东省省鸟的地位。

5.3 教师继续展示野猪的脚印、粪便和痕迹照片，请学生进行猜测。

5.4 教师引出野猪并向学生展示野猪照片，讲解关于野猪的有趣故事。

5.5 教师播放野猪拱地的视频片段，让学生了解野猪痕迹的由来，并提问野猪该行为的目的，引导学生回答出：寻找食物。

模块6 红外相机介绍

6.1 请学生思考野猪的视频是由什么拍摄的，引出红外相机。

6.2 教师展示并介绍红外相机的外形和工作原理。

6.3 教师讲解红外相机的安装技巧。

6.4 教师在室内实际接触并操作红外相机，模拟红外相机安装活动，教授学生如何操作，并讲解野外布控红外相机的经验和技巧。

模块7 一部红外相机的自述

7.1 教师讲解曾在象头山观察到的穿山甲"坐月子"过程，并引导学生猜测自己是如何观察到的，引出红外相机的拍摄记录。

7.2 教师讲述象头山保护区007号红外相机的故事，并播放相关照片。

模块8　自然探索与观察

8.1　发放观察记录卡：教师带领学生走到红外相机安装区域，行走过程中让学生通过观察以及感官体验记录身边的动物踪迹。

8.2　生态观察行走：在教师的带领下，学生沿着步道行走，观察和记录周围的昆虫、鸟类等。老师解释各种生物的生态特性和它们在生态系统中的作用。

8.3　感官体验：教师鼓励学生闭上眼睛，使用听觉来辨认不同的鸟鸣、蛙叫、蝉鸣等的声音，尝试看能不能辨别不同动物的声音。

模块9　红外相机安装实践

9.1　兽道和觅食地点识别：教师向学生展示如何在野外识别动物的兽道和觅食地。这可能包括识别动物的脚印、排泄物或食物残留。学生跟随教师在象头山保护区内寻找这些迹象，学习动物的活动模式。

9.2　红外相机安装指导：教师展示如何选择适合安装红外相机的地点，讲解选择标准，如动物活动频繁、视线良好等。学生分小组，在老师的指导下，选择地点并安装红外相机，学习调整角度和高度以捕捉最佳画面。

9.3　实际操作和角色扮演：学生分组完成相机安装后，一个小组的成员扮演动物，另一组通过相机观察和记录其行为，练习操作相机并理解动物行为的捕捉。

模块10　野生动物行为解读与模拟

10.1　动物行为讲解：教师在特定地点停下来，介绍当地常见动物的典型行为，如鸟类的筑巢、哺乳动物的觅食等。

10.2　角色扮演游戏：学生分组，每组选择一个动物，并模拟其特定行为，其他小组需要猜测他们扮演的是哪种动物及其行为。

10.3　行为解读：教师解释动物行为的生态意义、讲解动物适应环境的方法以及它们对生态系统的影响。

（三）分享与总结

模块11　数据收集与分析

11.1　红外相机数据整理：学生帮助整理和分类之前收集的红外相机数据，学习从图像中识别不同的动物及其行为。

11.2　动物视频观看与讨论：教师展示野外相机拍摄到的动物视频，如白鹇、野猪等。让学生选择感兴趣的动物，教师随后介绍这些动物的习

性和濒危状况。

11.3　科技在野生动物保护中的作用：通过实例展示科技如何帮助监测和保护野生动物，讨论数据如何用于制定保护策略。

11.4　保护意识启发：教师引导学生思考并讨论他们认为还有哪些方法可以更好地保护野生动物。

模块12　讨论思考

12.1　教师组织学生分小组讨论，让学生分享观察记录卡中记录到的内容，解密关键词的想法，以及他们对如何保护白鹇等"神奇动物"的看法。

12.2　教师带领学生探讨人类活动对野生动物的影响，强调环境保护的重要性。引导学生思考并讨论他们认为还有哪些方法可以更好地保护野生动物。

（四）任务与拓展

模块13　写观察笔记

13.1　寻找并观察住处附近的一种常见动物，看看它有什么奇特的生存智慧，写下观察笔记。

模块14　编制兽类调查计划

14.1　在住处寻找和判断可能存在的兽道和觅食地，规划如果在住处安装红外相机，将如何操作，会遇到哪些问题与挑战，写一份所在小区的兽类调查计划。

（五）模块组合建议

1.针对6～11岁学生的课程

导入与构建：模块1

教学与实践：模块3、模块4、模块5、模块7、模块9

分享与总结：模块12

任务与拓展：模块13

2.针对12～15岁学生的课程

导入与构建：模块1、模块2

教学与实践：模块3、模块4、模块5、模块6、模块7、模块8、模块10

分享与总结：模块11、模块12

任务与拓展：模块13、模块14

四、课程实践与成效

2024年7月15日，在象头山保护区进行了课程实践，由陈羽老师在室内介绍了红外相机在动物监测上的应用，并带大家观看了在象头山保护区内监测到的动物视频与照片，也尝试了红外相机在实地的安装。同学们聚精会神，对不同动物的分布、生态习性有了进一步的认识，成效较好。

象头山保护区管理局工程师陈羽（猫头鹰）开展"动物在哪里"授课

认识红外相机

学习实践红外相机安装

监测数据实时回看

第六课

山间有飞羽

一、课程概览

（一）内容导读

本节课属于主题自然课程。观鸟是当下自然教育中很常用也非常重要的一门课程，因为鸟类相较于植物、昆虫等类群种类较少，并且辨识度较高，所以观鸟通常被称为"进入自然的钥匙"。象头山保护区鸟类资源丰富，也具备开展观鸟课程的基础。

本课程旨在引导学生正确认识鸟类与自然界其他事物，以及鸟类与人类之间相互依存的关系，关注鸟类面临的环境问题；帮助学生掌握观鸟这一户外科学活动，获得人与鸟类和谐相处所需要的知识和技能；利用外出观鸟及学习鸟类知识来带领学生走进自然之门。

"山间有飞羽"对教师的基础能力提出了一定要求。如鸟类基础知识，户外课的安全意识，对于天气变化等突发事件的应对手段，还有应对不同年龄层次的学生所具有的能力等，都是教师应当着重培养的素质。

本课程同时还具有两个特征：第一个特征是观鸟作为一门以兴趣为导向的课程，期间需要解决使用望远镜，分辨不同鸟类，认识鸟类行为规律等知识性问题。学生是否能在教师的指引下顺利进行，唤醒学生对鸟类的爱好和主观能动性，将会在比较大的程度上影响课程效果。这既给观鸟课程提供了开展授课的方向，也成为不可忽视的入门问题。第二个特征是在课程中需要穿插环境保护知识，让学生的观鸟目的是以关心环境和生态为主，切身领略自然之美，而非出于收集和猎奇心理，这一点教师需要注意引导。鸟类美丽且种类繁多，其本身又是一个焦点生态问题，学生可能会在观鸟过程中出现不同的价值取向，这些也是教师需要注意引导的。

（二）课程目标

1.知识与能力

①了解鸟类的基本知识，辨认常见鸟类；

②理解鸟类与人类的关系；

③掌握观鸟的基本准则和技巧。

2.过程与方法

①掌握望远镜的使用方法，灵活使用望远镜进行鸟类观察；

②通过多种形式来观察鸟类的形态、动作、行为及生活环境；

③思考和讨论鸟类面临的生存问题及解决方法。

3.情感、态度与价值观

①关注象头山所在区域的鸟类生境；

②认识自然规律以及人与鸟类的关系；

③认识鸟类在自然生态系统中的作用。

二、知识准备与学习

（一）象头山保护区鸟类监测和保护

象头山保护区一贯重视保护管理和动植物资源监测工作，采用"走出去，请进来"的方式，锻炼保护区自己的动植物监测人员。象头山保护区于2006年和华南濒危动物研究所合作，选派技术骨干赴海丰、肇庆等地跟班学习鸟类调查监测技术；先后有华南濒危动物研究所、广东省生物资源应用研究所专家团队来象头山保护区实地调查，指导鸟类监测工作。象头山保护区先后布设了下派水库、上嶂和甲子前等5条样线进行鸟类调查，并且全部作为固定样线做长期监测。

2019年至今，象头山保护区逐步开展野生动物网格化红外相机监测工作，主要对大中型兽类和喜欢地面活动的鸟类开展定期的网格化监测。截至2023年12月，象头山保护区已完成全域124个千米网格的布设和监测，通过红外相机监测到40种鸟类，包括白鹇、白眉山鹧鸪、蛇雕、领角鸮、赤腹鹰等国家重点保护珍稀濒危鸟类。象头山保护区不断掌握区内鸟类的种群分布、行为习性、种群数量、活动规律等信息，为保护和管理提供科学依据。

同时，象头山保护区红外相机的工作原理、安装操作等知识极富参与性、科学性；其捕捉到的鸟类精彩图像和视频，很容易增加公众，特别是少年儿童，对野生动物的认识和兴趣，使他们能够更直观地了解野生动物，能够更好地向公众传达野生动物保护的重要意义，唤起大众对保护自然环境、保护野生动物的意识，从而愿意参与保护野生动物、森林和生物

多样性及林业工作，共建共享生态文明成果，更好地为绿美广东生态建设贡献象头山保护区力量。

象头山保护区根据鸟类长期监测成果，制作了宣传短视频、"山间有飞羽""小小森林科学家之神奇动物在哪里"等在地课程、"小象带你去观鸟"进校园进社区课程、线上直播课程、科普宣传牌等，积极向公众传播动物保护知识。

（二）象头山保护区常见鸟类

1. 红耳鹎

雀形目鹎科鸟类，留鸟。头顶有耸立的黑色羽冠，眼下方有一块鲜红的斑点，其下紧接着一块白色斑点，周围被黑色环绕，头部格外引人注目。栖息于低山和丘陵地带的山麓中，营巢于灌丛、竹林和果树等低矮树上，大部分时间都在树冠层或灌丛中活动与觅食。杂食性，主要以种子、果实、花和草籽为食，也吃昆虫。

红耳鹎

2. 白头鹎

雀形目鹎科鸟类，留鸟。眼至后颈的大块白羽及耳羽的小白斑为其典型特征，髭纹黑色，臀白色；幼鸟头橄榄色，胸具灰色横纹。常见的群栖性鸟，栖于林缘、灌丛、红树林及林园。性活泼，结群于果树上活动；有时从栖处飞行捕食。属杂食性鸟类，既食植物性食物，也食动物性食物，同时食性还随季节而异。

白头鹎

3. 栗背短脚鹎

雀形目鹎科鸟类，留鸟。体形略大而外观漂亮，上体栗褐色，头顶黑色而略具羽冠，喉白色，腹部偏白色，胸及两胁浅灰色，两翼及尾灰褐色，覆羽及尾羽边缘绿黄色。主要栖息于低山丘陵地区的次生阔叶林、林缘灌丛和稀树草坡灌丛及地边丛林等生境中。常结成活跃小群，藏身于茂密的植物丛中。属杂食性鸟类，主食核果和浆果等植物种实，兼食叶甲、象甲、蛾类、蜂类、蝇类等昆虫。

栗背短脚鹎

4.橙腹叶鹎

雀形目叶鹎科鸟类，留鸟。体形略大而色彩鲜艳，上体绿色，下体浓橘黄色，两翼及尾蓝色，脸罩及胸兜黑色，髭纹蓝色。为中国最常见、分布最广泛的叶鹎，主要栖息于低山丘陵和山脚平原地带的森林中，尤以次生阔叶林、常绿阔叶林和针阔叶混交林中较常见。性活跃，主要以昆虫为食，也吃部分植物果实和种子，栖于森林各层。

橙腹叶鹎

5.黄颊山雀

雀形目山雀科鸟类，留鸟。体形较大，冠羽显著，头部具黑色及黄色斑纹。常光顾红树林、林园及开阔林。性活跃，多技能，常成对或小群活动，也和大山雀等其他小型鸟类混群，活跃地在乔灌木枝叶间飞翔跳跃。主食鳞翅目和鞘翅目等昆虫，兼食植物果实和种子。

黄颊山雀

6.暗绿绣眼鸟

雀形目绣眼鸟科鸟类，留鸟。体小而可人，上体鲜亮绿橄榄色，胸至胁多为灰白色，也有的具极浅的粉褐色，具明显的白色眼圈和黄色的喉及臀部。活动于常绿或落叶阔叶林、混交林、灌丛、开阔林地、次生林、耕地等。群栖性，喜集群在植被中上层活动。以各类昆虫等动物性食物以及植物的果实和种子等为食。

暗绿绣眼鸟

7.红嘴相思鸟

雀形目噪鹛科鸟类，留鸟。具显眼的红嘴，上体橄榄绿色，喉部鲜黄色延伸至前胸过渡为橙黄色，具红色和黄色翼斑，尾羽端部内凹分叉。栖息于山地常绿阔叶林、常绿落叶阔叶混交林、竹林和林缘疏林灌丛等地。除繁殖期外成小群活动，亦与其他小型鸟类混群。性活跃，喜在林下灌丛间跳跃穿梭，善鸣唱。主食毛虫、甲虫和蚂蚁等昆虫及幼虫，兼食植物果实和种子。

红嘴相思鸟

8.珠颈斑鸠

鸽形目鸠鸽科鸟类，留鸟。中等体形，体色粉褐色，明显特征为颈侧有黑底白点的斑块，后背、两翼和尾羽灰褐色，颈、胸至腹部浅粉紫色，尾较长。能适应多种生境，也常出现在人类居住区附近。一般单独或成对活动。主要在地面觅食，以植物种子为食，特别是农作物种子，有时也吃蝇蛆、蜗牛等动物性食物。

珠颈斑鸠

9.棕背伯劳

雀形目伯劳科鸟类，留鸟。体形略大而尾长，体色棕、黑及白色，额、眼纹、两翼及尾黑色，翼有一白色斑，头顶及颈背灰色或灰黑色，背、腰及体侧红褐色，颏、喉、胸及腹中心部位白色。头及背部灰色或灰黑色的扩展随亚种而有不同。活动于平原和丘陵地带，适应农田、荒地、林地等多种生境。常单独活动，领域性较强，会驱逐进入领地的同类。常站在开阔的高枝、电线等高处观察四周，伺机猎食，停栖时尾羽有画圈动作。肉食性，性情凶猛，食性较广，有捕鱼的记录。

棕背伯劳

10.叉尾太阳鸟

雀形目花蜜鸟科鸟类，冬候鸟，少部分留鸟。体形非常小而纤弱，雄鸟头颈及尾上金属绿色，两根中央尾羽特别长，具赭红色的喉斑，上体橄榄色或近黑色，余部污橄榄白色；雌鸟较小，上体橄榄色，下体浅绿黄色。它们的嘴细长下弯，舌呈管状，专门用来吮吸花蜜，因此又被称为"亚洲蜂鸟"。活动于原始或次生的茂

叉尾太阳鸟

密阔叶林边缘，常在高树顶、灌丛或开花的植被处活动。常扇动双翅悬停于花朵上空，以微曲的喙和管状长舌吸食花蜜。

11.赤红山椒鸟

雀形目山椒鸟科鸟类，留鸟。体形略大而色彩浓艳，雄鸟蓝黑色，胸、腹部、腰、尾羽羽缘及翼上的两道斑纹红色；雌鸟背部多灰色，黄色替代雄鸟的红色。活动于茂密阔叶林，冬季在低海拔游荡。集群在树冠层活动和觅食，活跃而善鸣。主要以昆虫为食，所吃食物亦主要为甲虫、蝗虫、蝽象、蝉等昆虫，偶尔也吃少量植物种子。

赤红山椒鸟

12.鹊鸲

雀形目鹟科鸟类，留鸟。主要特征为头、胸及背闪辉蓝黑色，两翼及中央尾羽黑色，外侧尾羽及覆羽上的条纹白色，腹及臀亦白色；雌鸟似雄鸟，但暗灰色取代黑色。常栖息于林缘灌丛、竹林、次生林中，尤好有人居住的村落、果园、公园地带。常单独或成对活动，性活泼胆大，休息时常不时翘尾。食物以昆虫为主，兼吃少量草籽和野果。

鹊鸲

13.灰背燕尾

雀形目鹟科鸟类，留鸟。头顶及背灰色，颏至上喉黑色，下体余部纯白色；幼鸟头顶及背青石深褐色，胸部具鳞状斑纹。常停息在水边乱石上或在激流中的石头上停息，出没于山间溪流旁。主要以水生昆虫和昆虫幼虫为食。

灰背燕尾

14. 白鹡鸰

雀形目鹡鸰科鸟类，留鸟。中等体形，体色黑、灰及白色，体羽上体灰色，下体白色，两翼及尾黑白相间。主要栖息于河流、湖泊、水库、水塘等水域岸边，也栖息于农田、湿草原、沼泽等湿地，有时还栖于水域附近的居民点和公园。常单独、成对或呈3～5只的小群活动。主要以昆虫为食，也吃蜘蛛等其他无脊椎动物，偶尔也吃植物种子、浆果等植物性食物。

白鹡鸰

15. 烟腹毛脚燕

雀形目燕科鸟类，夏候鸟。体小而矮壮，体系黑色，腰白色，胸烟白色，上体钢蓝色，下体偏灰色，尾浅叉。活动敏捷，以擅长飞行而著称，善于在高空疾飞啄取昆虫。主要栖息于山地悬崖峭壁处，尤其喜欢栖息和活动在人迹罕至的荒凉山谷地带，也栖息于人类建筑物上。常成群栖息和活动，多在栖息地上空飞翔，有时也出现在森林上空或在草坡山脊上空飞来飞去。主要以昆虫为食，在空中捕食飞行性昆虫。

烟腹毛脚燕

16.普通翠鸟

佛法僧目翠鸟科鸟类，留鸟。体色亮蓝色及棕色，上体金属浅蓝绿色，颈侧具白色斑点；下体橙棕色，颏白色。主要栖息于林区溪流、平原河谷、水库、水塘，甚至水田岸边。常单独活动，一般多停息在河边树桩和岩石上，有时也在临近河边小树的低枝上停息。食物以小鱼为主，兼吃甲壳类和多种水生虫及其幼虫，也啄食小型蛙类和少量水生植物。

普通翠鸟

17.红尾水鸲

雀形目鹟科鸟类，留鸟。雄雌异色，雄鸟腰、臀及尾栗褐色，其余部位深青石蓝色；雌鸟上体灰色，眼圈色浅，下体白。雄雌两性均具明显的不停弹尾动作。栖于溪流旁，活动于山泉溪涧中或山区溪流、河谷、平原河川岸边的岩石间，溪流附近的建筑物四周或池塘堤岸间。主要以昆虫为食，也吃少量植物果实和种子。

红尾水鸲

18. 蛇雕

鹰形目鹰科鸟类，留鸟。两翼甚圆且宽而尾短。成鸟上体深褐色或灰色，下体褐色，腹部、两胁及臀具白色斑点。飞行时的特征为尾部宽阔的白色横斑及白色的翼后缘。栖息和活动于山地森林及其林缘开阔地带，单独或成对活动。常在高空翱翔和盘旋，停飞时多栖息于较开阔地区的枯树顶端枝杈上。以小型两栖类、爬行类以及鸟类为食。

蛇雕

19. 大嘴乌鸦

雀形目鸦科鸟类，留鸟。体大，体色闪光黑色，嘴粗厚而尾圆，头顶更显拱圆形。栖息于低山、平原和山地等各种森林类型中。杂食性鸟类，对生活环境不挑剔，无论山区平原均可见到，喜结群活动于城市、郊区等适宜的环境。主要以昆虫幼虫和蛹为食，也吃雏鸟、鸟卵、鼠类、腐肉、动物尸体以及植物叶、芽、果实、种子等，属杂食性。

大嘴乌鸦

三、教学模块

（一）导入与构建

模块1　谁是鸟

1.1　教师准备鸟类照片与其他会飞的动物（蝙蝠、飞鼠、蜻蜓、蝴蝶等）照片放在同一页演示文稿上，或者打印出照片挂在黑板上。根据学生年龄来选择照片数量和难度。

1.2　教师提问学生照片中的动物哪些属于鸟类，其他又是什么动物，是如何判断出它们的。

1.3　教师总结强调鸟类的显著特征。

1.4　教师重点解读鸟类的羽毛、恒温、卵生等显著特征。

模块2　分享身边的鸟类

2.1　教师说明本次课程的主题为认识山间飞羽，邀请学生分享他们在生活中见过的鸟类，引导学生分享更多的鸟类观察故事。

（二）教学与实践

模块3　识别鸟的部位

3.1　教师将5种不同的鸟的5个主要部位（头部、翅膀、身体、脚部、尾巴）裁剪出黑色的独立部件，并打印这5种鸟的彩色照片。

3.2　教师根据学生人数将他们分组，每组4～6人，每组发放一份部件，并且抽取一张照片作为参考，选择正确的部件拼出照片里的鸟类形态，引导学生观察和识别出鸟类的不同部位的不同特征。

3.3　教师引导每个小组的学生讨论和分析自己小组的鸟为什么有此形态的部位。

模块4　鸟类迁徙

4.1　教师展示世界鸟类的迁徙路线图，学生找出经过象头山保护区所在地的鸟类迁徙路线。

4.2　教师展示象头山春秋季节才能看到的特别的过境候鸟。例如，春秋季的鹟科鸟类，秋冬季的北红尾鸲，区分夏候鸟、冬候鸟、过境鸟、留鸟4种类型概念，讲解候鸟迁徙的原因和方式。

4.3 教师提问鸟类在迁徙路上可能遇到哪些危险，引导学生先回答他们认识到的危险。学生回答完毕，教师总结和补充其他危险因素。

4.4 学生分成小组，对鸟类迁徙危险的人为因素进行讨论，探讨如何避免和减少影响鸟类迁徙的人为因素。

模块5 观鸟前准备

5.1 教师组织学生准备外出活动的装备和工具。教师检查鸟类观察设备是否可以正常使用，提醒学生携带好水壶、遮阳帽、驱蚊水等，避免外出时出现不必要的突发状况。

5.2 教师讲解观鸟出行注意事项，提醒学生野外观鸟应当保持安静，放低脚步声，避免因为声音过大而惊扰鸟类，不过分追逐鸟类，不惊吓鸟类，保持安全的距离。

5.3 教师根据学生人数，将学生分为5～10人一组，每组分配带队老师，错开队伍进行观鸟活动，以防人数过多，惊扰鸟类，导致观鸟效果差。

模块6 观鸟游戏

6.1 教师准备教具：鸟名卡片10张、象头山保护区常见鸟照片10张（鸟类折页照片即可）、空白卡片数张、记号笔。

6.2 教师向学生展示望远镜的使用方法和功能，检查每个学生是否都掌握了望远镜的使用方法后，指定远处一个物体（明显的标志），让学生使用望远镜观察，向教师描述望远镜里物体的样子，以确定学生是否掌握望远镜的使用方法。

6.3 教师利用小游戏的方法检验学生是否掌握望远镜的使用方法，同时铺垫活动中最可能遇见的鸟类。让每个学生抽取1张鸟名的卡片，排队轮流站在10米远处，让学生使用望远镜看到鸟的名字，并告诉教师。

6.4 学生4～5人一组排成一列，第一个人用望远镜看清教师手中的卡片（鸟的照片），画在纸上。后面的学生3分钟内临摹前一个人的画，最后一个人在教师出示的5张鸟卡片中，指出画的是哪一种。（增加难度，直接说鸟名或者在折页上找到。）

6.5 将所有人面对面排成2列，2人一组。第一个人使用望远镜，一位教师站在10米远的地方，展示一张鸟的图片，学生用望远镜观察鸟图片，描述鸟的样子和特征，不能说名字。第二个人在第二位教师出示的5张鸟卡片中指出对应的鸟。

模块7 徒步观鸟

7.1 教师为每位学生发放观鸟路线地图及象头山保护区鸟类折页，引导学生行进途中发现鸟类时，及时在地图上标注其位置。

7.2 教师带领小组学生前往林中寻找鸟类。（林中观鸟难度极大，遇见鸟的概率较小，所以，教师要注意引导学生保持安静和专注，集中注意力，用耳朵听鸟叫声，判断鸟类出现的方向。）在发现鸟类后，教师引导学生使用望远镜观察鸟类，并且描述鸟类的形态特征和行为，并在象头山保护区路线地图中标出相应的位置和观察记录。如果长距离徒步后没有发现鸟类，教师可以主动讲解鸟类的知识点和有趣的故事，与学生分享自己的观鸟心得和经验。

7.3 徒步观鸟结束后，寻找阴凉的地方总结观察到的所有鸟类，教师引导学生分享自己的观鸟地图。

模块8 鸟类定点观察

8.1 通知学生携带笔和笔记本在保护站门前集合，教师讲解接下来的活动为"鸟类定点观察"，讲解定点观察的原因。（鸟类是非常活泼的动物，在林中观察它们时，我们往往只能看到它们一闪而过，不能更加仔细地发现它们的特点。但是，有些鸟类是可以稳定观察的，比如，在象头山保护区科研宣教中心水塘周围，我们就可以观察到在水边觅食的白鹡鸰，在枝头上的红耳鹎与白头鹎，以及红花荷树上的叉尾太阳鸟等。）

8.2 教师选定保护站前的水塘作为一个定点观察范围，白鹡鸰作为观察对象，指导学生使用望远镜观察白鹡鸰。教师讲解当前观察中的白鹡鸰的基本形态和行为特点，需注意与鸟类保持一定的距离，不干扰鸟类活动。（其他象头山保护区内最易观察到鸟类的位置需要依据象头山保护区积累的经验确定，比如，正在开花树或正在结果的树。）

8.3 教师选择遮阳且视野开阔的位置让学生分散在区域内，使用望远镜对飞到自己视野范围内的鸟类进行长时间的观察，使用笔记本记录观察结果。

8.4 观察结束后，教师将学生集合在教室，引导他们分享自己的观察笔记和收获，分享徒步移动观鸟和定点观鸟的不同感受。

（三）分享与总结

模块9 提问与分享

9.1 教师提问学生："活动中印象最深刻的一种鸟是什么？它为什么

吸引了你？"

9.2　教师邀请学生分享课程的整体收获、游戏感受等。

模块10　总结与提问

10.1　教师总结课程的知识内容以及鸟类的基本知识。

10.2　提问式回顾鸟类的身体部位的特征和作用、鸟类的声音辨识特点及观鸟的基本方法。

（四）任务与拓展

模块11　家门口的鸟类

11.1　发布"家门口的鸟类"活动。观察所住小区或者附近小型公园里至少5种鸟类，并且使用工具书查找出更多与它们相关的知识。

11.2　如果在活动中有观鸟地图的教学实践，可以增加学生绘制观鸟地图的任务，将观察的5种鸟类标注在自己的地图上。

11.3　学生将自己的观鸟地图发送到象头山保护区交流平台上，象头山保护区将其展示在公众平台。

11.4　给认真完成任务的学生发放象头山保护区特制小礼物。小礼物推荐：象头山保护区制作的鸟类明信片、小徽章等。

模块12　校园里的鸟朋友

12.1　发布"校园里的鸟朋友"活动，寻找学校里最喜欢的一种鸟作为长期观察对象，描述和记录它的样子、行为动作和其他故事。

12.2　学生用作文或图文并茂的自然笔记的形式分享自己的观察故事，象头山保护区将其展示在公众平台。

12.3　对于认真完成任务的学生发放象头山保护区特制小礼物。笔记举例：今天我在教室上课时，突然发现一只黑白色的鸟飞了进来，站在了老师的讲台上，所有人都看向了这只鸟。它也愣住了，过了三秒钟才匆匆飞走。因为参加了象头山保护区的鸟类课程，我一下子就认出了这是鹊鸲，它的头部、背部都是黑色的，有白色的肚子。没想到在教室里就能看见它，真是太有趣了。

（五）模块组合建议

1.针对6～11岁学生的课程

导入与构建：模块1

教学与实践：模块3、模块5、模块6、模块8

分享与总结：模块9

任务与拓展：模块12

2.针对12～15岁学生的课程

导入与构建：模块2

教学与实践：模块4、模块5、模块7

分享与总结：模块10

任务与拓展：模块11

四、课程实践与成效

　　2024年7月16日，在象头山保护区进行了课程实践，由胡进霞老师在室内上了"山间有飞羽"一课，并带大家玩了相关游戏与鸟类拼图，带同学们到观鸟路径指导他们观鸟。同学们积极参与，对不同鸟类的分布、生态习性有了进一步的认识，成效较好。

象头山保护区管理局工程师胡进霞（小狐狸）开展"山间有飞羽"授课

户外游戏

鸟类拼图游戏

户外观鸟实践

第七课

粤夜越精彩

一、课程概览

（一）内容导读

在象头山保护区的"粤夜越精彩"课程中，学生将探索夜晚的神秘世界。本课程将引导学生理解为什么夜间观察生物对生态学和生物保护至关重要。通过课堂教学和户外夜观活动，学生将学习如何观察夜晚的生物，了解它们的声音、习性和生活方式。

夜间观察本来是生物专业的野外实习科目，因为一些生物习惯于夜间活动，在夜晚更容易进行观察，尤其是昆虫研究者会利用昆虫的趋光性进行灯诱惑捕捉昆虫来进行实验。

这些年随着自然教育活动的开展，夜观类的活动因为其独特的神秘性和观察内容的丰富性被更多的人所喜爱，尤其是很多小朋友对夜观活动十分热衷。

通常情况下夜观活动主要在室外的自然环境中进行，如果室外环境不允许则不能开展夜观活动。夜观活动主要以观察两栖动物、爬行动物和昆虫等为主。

本课程的设置比较特殊，在环节设置上将室内课和室外课完全分开：室外课程就是正常的夜间观察，依赖于教师的引导，让学生能够更多地发现夜间生物并进行有效的观察；室内课程则是希望教师能够以夜观活动为依托开展一堂两栖爬行类和昆虫类的知识分享课。

（二）课程目标

1.知识与能力

①使学生了解夜间生物活动的原理和生态系统中不同物种的角色；

②使学生了解夜间生物的生活习性，及它们在黑暗中的生存和繁衍；

③使学生掌握使用观察工具，如手电筒，进行夜间生物观察；

④使学生认识到夜间生物的多样性。

2.过程与方法

①利用夜晚观察的互动方式，让学生积极参与，增加他们的夜观体验；

②帮助学生掌握夜晚观察技巧，提高其对自然的观察能力；

③通过分享观察结果，培养学生的表达和交流能力。

3.情感、态度与价值观

①培养学生对夜间自然环境的兴趣，帮助他们形成生物多样性保护的价值观；

②激发学生对自然的兴趣和热爱，培养他们的环境保护意识；

③通过个体合作和团队合作，培养学生的社交和沟通能力。

二、知识准备与学习

（一）象头山保护区两栖动物研究

象头山保护区地处东洋界华中区与华南区交界的过渡地带，区内丰富的溪流流水环境和湖泊、池塘等静水环境为两栖动物提供了异质性栖息地与关键庇护所。

2007—2009年，象头山保护区联合华南濒危动物研究所开展的持续性科考项目，系统性阐明了该区域两栖动物的多样性组成与地理格局。

研究团队根据象头山保护区地形图和区划图，兼顾不同海拔、植被和生境类型，在象头山保护区良田、范家田、三堆池、济公田、甲子前、上峰、下峰、1~7级电站等区域选择代表性调查样带20条，每条样带长500~1000米、样带宽10米。在2007年3月、9—10月，2008年3月、6—8月，2009年4月、7月，每个月调查3~6天，调查时段为8:30—11:30、15:00—17:00、20:00—23:00。

根据两栖动物的生活环境特点和叫声，在样带内仔细寻找（夜间用头灯照明），记录发现的种类、数量和环境，并用数码相机拍摄照片。采用投手捕捉法和网捕法采集标本，每个种采集2~4个标本，用75%乙醇进行保存以备鉴定。研究成果如下。

①物种多样性此前调查表明，象头山保护区有两栖动物1目5科18种。本次调查发现新记录种3种，即小角蟾、福建大头蛙和小弧斑姬蛙。综合文献及本次调查结果，象头山保护区现记录到的两栖动物全部为九尾目种类，包括6科21种，其中，国家二级保护野生动物有虎纹蛙，广东省重点

保护野生动物有沼水蛙和棘胸蛙，其余18种为国家保护的有益的或者有重要经济、科学研究价值的陆生野生动物。

②区系特点：象头山保护区现有的两栖动物全部为东洋界种类，其中，华南区物种2种；华中区和华南区共有种12种；西南区、华中区和华南区共有种7种。象头山保护区地处东洋界华中区与华南区交界的过渡地带，故两个区系的物种彼此渗透，从而形成了以华中区与华南区共有种为主的区系特征。

③数量等级与生态类型：在种群数量方面，以黑眶蟾蜍、沼水蛙、大绿臭蛙、泽陆蛙、斑腿树蛙和福建大头蛙6种数量较丰富，小角蟾、华南雨蛙、长趾纤蛙、台北纤蛙、花臭蛙、尖舌浮蛙、虎纹蛙和大树蛙8种数量较稀少，其余7种蛙类数量中等。在生态类型方面，共有4个生态类型，其中，静水型4种，陆栖静水型9种，流水型5种，树栖型3种。以陆栖静水型最多，流水型和静水型次之，树栖型较少，无陆栖流水型。两栖动物的生态类型特点反映了象头山溪流流水环境和湖泊、池塘等静水环境的多样性。

（二）象头山保护区夜间观察常见的特色物种

1. 绿瘦蛇

有鳞目游蛇科爬行动物。体形中等，头窄长，与颈区分明显，眼大，瞳孔呈一道横线。身形细长，体色多变，常绿色。主要生活在山区、丘陵及平原的灌木丛上。多在白天活动，视力极佳，有双眼立体视觉。主要捕食小型脊椎动物及蜥蜴，甚至其他蛇类。绿瘦蛇在象头山保护区较为常见。

绿瘦蛇

2.黑疣大壁虎

有鳞目壁虎科爬行动物，国家二级保护野生动物。全长30～40厘米，尾长10～14厘米，背腹略扁，头部较大而呈扁平三角形，眼大而突出无眼睑，颈短且粗。全身密生粒状细鳞，鳞片间有明显的颗粒状疣粒，背部分布6～7行横排白、灰或灰白色斑，并呈现砖红、紫灰或棕灰等底色，伴随橘黄色和蓝灰色的小圆斑点及不规则宽横斑。主要栖息于山岩、石洞、树洞以及屋檐和墙壁附近，属夜行性，3—11月活动频繁，12月至翌年1月于岩石缝深处冬眠。听力较强，惧强光，白天瞳孔常呈垂直狭缝。捕食蝗虫、蟑螂、蜻蜓、蛾等昆虫及其幼虫。尾巴易断且能再生。

黑疣大壁虎

3.斑腿泛树蛙

无尾目树蛙科两栖动物。体形扁而窄长。头部扁平，头长大于头宽或相等，吻长，吻端钝尖或钝圆，突出于下唇，呈倾斜状，吻棱明显，鼻孔近吻端，颊面内陷，后肢细长，内跖突扁平，外跖突甚小，背面皮肤光滑，有细小痣粒。背面颜色有变异，多为浅棕色，一般有深色"X"字形斑或呈纵条纹，有的仅散有深色斑点。腹面乳白色或乳黄色。股后有网状

斑。雄蛙第一、二指有乳白色婚垫。广泛分布于亚热带的丘陵和山区，常栖息在稻田、草丛或泥窝内。以蜚蠊、蝗虫、象甲、螳螂、蜘蛛、蚯蚓、虾和螺类等为食，已被列入《国家保护的有益的或者有重要经济、科学研究价值的陆生野生动物名录》。

斑腿泛树蛙

4.香港湍蛙

无尾目蛙科两栖动物，国家二级保护野生动物。头扁平，其长宽相等；吻圆而明显凸出，吻长与眼径相等；吻棱明显，眼大，眼径与吻长相等；鼓膜隐蔽；下颌前端齿状骨突弱，与颌骨脊棱等高。背面皮肤具许多小疣；腹部皮肤光滑。指短，第二、三吸盘宽与其指长几乎相等，第四指吸盘更宽。体和四肢背面为褐色或灰褐色，疣粒顶端色浅，体背面有黑色斑纹；四肢背面具黑色横纹，股后面斑纹较醒目；体腹面和咽胸部黄白色，无斑或有褐色斑，腹后和腿腹面肉色，无斑纹。雄蛙第一指内侧具无色颗粒状婚垫；有一对内声囊。生活于山溪急流石涧，常栖息在小瀑布附近的石上或瀑布里的石壁上，任流水飞溅和冲击。

香港湍蛙

5. 黄岗臭蛙

　　无尾目蛙科两栖动物。皮肤光滑，背面和四肢背部皮肤有细小痣粒，体侧有大小不一的扁平疣粒，疣粒在背部沿背侧褶的位置明显排成2纵列；口角后方至肩上方有2枚黄色颌腺；两眼前角连线的中央有一黄色小点。背面黄绿色，头顶、背部和体侧密布规则椭圆形和卵圆形褐色斑，斑点周围无浅色边缘，头顶、背部斑纹大而密，体侧斑纹稀；四肢背面黄绿色，间以褐色横纹，股、胫部背面大多有3～4条宽的褐色横纹，横纹间点缀着黑褐色小斑。生活于海拔200～800米的溪流中，水流或湍急或平缓，环境阴湿，植被茂盛；成蛙常栖息于溪中和溪边的石块、岩壁上或溪边的灌丛中。

黄岗臭蛙

6.花姬蛙

无尾目姬蛙科两栖动物。体略呈三角形。头小，头宽大于头长；吻端钝尖，突出于下唇；鼓膜不显；舌后端圆。背面皮肤较光滑；前肢细弱，后肢粗壮。背面皮肤粉棕色，具有若干重叠的"⊥"形黑棕色及浅棕色纹，最显著的始自两肩之间。由于体色鲜艳，花纹美丽，故名"花姬蛙"。主要分布于我国中南部海拔10～1350米平原、丘陵和山区中，栖息于水田、园圃及水坑附近的泥窝、洞穴或草丛中。多在夜间、清晨活动觅食。以昆虫为食。已被列入《国家保护的有益或者有重要经济、科学研究价值的陆生野生动物名录》。

花姬蛙

7.异歧蔗蝗

直翅目蝗科昆虫。体蓝绿色。触角28节，基部淡黄色，端部3～5节为淡黄白色，近端部5～6节为黑褐色。前胸背板、侧板蓝绿色，背板背面近前缘两侧各有一横行黑褐色凹纹，其后有3条横行黑褐色凹纹，前翅基部淡绿色，至端部为黄褐色。一年发生1代，它们以卵在土中越冬，若虫4月中旬孵化，成虫羽化高峰期6月中旬，9月上旬陆续死亡。生长发育与温度有密切关系，28℃是其生长发育最适宜的温度。主要以竹子、甘蔗、水稻等禾本科植物为食。

异歧蔗蝗

8. 金斑虎甲

鞘翅目虎甲科昆虫。身体常具金属光泽。头大，复眼凸出。唇基较触角基部宽。触角丝状。鞘翅宽于前胸，除肩部上面有 1 个小黄斑外，盘区还有 3 个大黄斑；中部为 1 个横斑，基端两处均为圆斑。栖息于海岸、河岸、沙丘和森林中。成虫、幼虫均为捕食性，捕食蝗虫、油葫芦、蟊蜥及多种鳞翅目幼虫。

金斑虎甲

（三）夜观活动指南

夜观活动是一种在夜间进行自然观察的活动，旨在让参与者近距离接触和了解夜间生物及其生态环境。在保护区开展夜间自然观察活动时，需兼顾参与者安全及生态保护。以下经验总结基于象头山保护区多年实践，适用于带领学生或公众开展科普性夜观活动。

1.基础装备与准备

参与者应穿着长袖衣裤及防滑运动鞋，佩戴宽檐帽子，避免皮肤外露而引发蚊虫叮咬或植物划伤。学生需配备独立光源，优先选用低亮度的手电筒，既满足照明的基本需求，又可减少对动物昼夜节律的干扰。背包中需携带饮用水、雨伞及少量高热量食物。教师携带强光手电筒为学生照亮道路，同时还携带简易急救包（含消毒棉片、弹性绷带等）。两栖动物对化学物质敏感，禁止携带味道浓烈的驱蚊剂或香水。活动前密切关注天气预报，如遇恶劣天气，请及时调整活动计划。

2.实地操作规范

三人以上结伴而行，保持首尾相望的松散队列，前后保持两臂距离，用手势或低声交流替代高声对话。发现目标时，第一发现者用手电筒光斑稳定照射目标周边（非直射生物），后续人员缓慢靠近至1米外观察。遵守活动现场的各项规定和指示，不要擅自进入危险区域或触碰野生动植物。

3.生态保护细则

遵守"不带来、不带走、不采摘、不打扰"的原则。不带来垃圾及废弃物，不带走保护区的一草一木（所有活的生物），不采摘植物、野生菌类等，不打扰山上原有生物的生活。

坚守生态观察原则，与野生动物保持至少30厘米观察距离，避免体温扰动其微环境。如果发现正在交配的动物，至少退后半米观察。遇蛇应保持3米距离静立，待其自行退入植被，切忌使用树枝挑动。遇到稀有的动物，可以用相机快门声代替惊叹，闪光灯请永远锁在禁用模式。

4.应急处理

制定常规风险预案，包含毒蛇咬伤处理流程（保持伤肢低位、标记肿胀进展时间）、扭伤应急固定方法（利用树枝制作简易夹板）。每30分钟清点人数，发现迷路者要求其原地等待并有节奏地晃动手电筒（间隔5秒，3次为一组）。

三、教学模块

（一）导入与构建

模块1　提问互动

1.1　教师开始课程时进行自我介绍，再以个人夜间观察经历作为课程导入，以激发学生的兴趣，在故事中讲解夜间观察的特点。

1.2　教师与学生互动，询问学生在白天观察到哪些感兴趣的动植物，让他们分享自己的经历，进而提问对夜晚有哪些期待，以建立课程联系。

1.3　提问与思考：教师引入夜晚观察的重要性，提出问题，如"你们知道晚上来干什么的吗？""为什么要在夜间观察生物？"，以引发学生思考，使学生放松对夜晚感到紧张的心态，并激发他们对夜晚生物学的好奇心。

模块2　黑暗感受

2.1　黑暗感受游戏：教师讲解黑暗感受游戏规则，要求学生保持安静，在室内熄灯2分钟或拉上窗帘2分钟营造夜晚的气氛。

2.2　教师提问学生："在关灯的2分钟时间内被什么东西吸引？"

2.3　邀请1～3位学生分享黑暗中的感受，教师从"声音、光、气味"总结结果，解释人类在夜间的五感规律，强调夜晚视觉弱化以及听觉的重要性。

（二）教学与实践

模块3　声音计数

3.1　教师提问学生："在夜晚是否听过特别的声音？"邀请1～2位学生分享自己的经历。

3.2　继续采用与上一个游戏相同的方法，教师讲解声音计数游戏规则。教师在熄灯或拉上窗帘后展示一段象头山保护区录制剪辑的夜间音频，学生可以张开双手，每听到一种声音就收拢一个手指用以计数。

3.3　音频播放结束后，教师询问学生听到了几种声音。粗略统计后公布音频中声音的总数（因为声音类型可能很多，教师公布的总数仅为参考）。同时，将音频中比较突显的种类按照出现的先后顺序，逐个播放并简单介绍其对应的物种。重点介绍其中声音最突出的鸣虫，并引出鸣虫的概念。

模块4 生物发声原理

4.1 教师提问学生是否了解生物的发声原理，以人为例介绍发声的特点，再与学生一起归纳自然界中常见的生物发声原理。

4.2 教师以蟋蟀和螽斯为例展示两者发声时的视频，对比两者发声方式和发声部位的异同。

4.3 教师解释其相同和不同的原因，详细叙述发声方式，同时通过类似结构模拟发声原理。

4.4 教师提问学生两种昆虫发声的原因，分析其繁殖求偶行为。

4.5 教师讲解雌性蟋蟀如何接收雄性蟋蟀鸣叫的信息。

模块5 夜观生物多样性

5.1 教师逐个展示象头山保护区夜间容易观察到的生物的照片或者影像资料，如萤火虫、螳螂、蛞蝓、蜥蜴、蜈蚣等。

5.2 教师引导学生将展示的夜观生物进行归类。

5.3 教师总结在夜晚视觉寻找的技巧。

模块6 户外夜观

6.1 教师提前告知学生准备夜观出行装备，包括手电筒，确保学生穿戴安全的户外衣物。

6.2 教师介绍夜观主题和注意事项，如安全路线，避免干扰夜间生物等。

6.3 夜观开场小游戏：手电筒聚焦成圈，第一至第三轮，在3秒时间内被照在圈内的学生进行一种声音模仿。第四轮为分组游戏，光圈以内是一个组，以外是一个组。此环节可以活跃氛围、训练学生不能用手电筒照射别人的眼睛。分组时要根据学生人数和教师人数，确定小组数量，这有助于减少人数过多对夜观活动的干扰，并促进学生之间的合作。

6.4 学生和教师一起出发，跟随教师的引导，沿着夜观路线寻找夜间活动的生物。教师鼓励学生主动寻找，如果他们独自发现有趣的事物，可以向教师请教并了解更多信息。夜观侧重点在学生的自我发现和观察，打破对夜晚和特定生物的恐惧（蛇、虫）。教师进行互动并提问，采用这个动物"几条腿、几个眼睛、几对翅膀……"的问题方式，带领学生对夜观生物进行初步的分类。

6.5 在夜观返程途中，教师让学生关闭手电筒并保持安静，排成一排，手搭在前一个人的肩膀上，由教师领头，开着手电筒，往回走。在这

个过程中，所有人都不能说话，要倾听自然的声音。教师带领学生回到广场围圈，睁开眼睛来适应环境。

6.6　学生轮流模仿听到的物种声音，选出被模仿次数最多的物种作为今晚的明星物种，老师向同学们介绍这个明星物种并进行互动。

6.7　老师引导同学们对本次夜观活动进行回顾总结，并结束夜观。

（三）分享与总结

模块7　分享与总结

7.1　老师总结夜间观察的趣味性，梳理归纳夜间五感调动的方式，强调夜间观察的安全性。

7.2　邀请学生分享自己的课程收获，并说说对哪些课程内容印象深刻。

（四）任务与拓展

模块8　家门口的夜观

8.1　在住处附近进行夜间观察，记录自己观察最仔细的一种生物，写下观察笔记。

模块9　家门口的声音计数

9.1　倾听住处周围的夜间物种声音，记录其叫声的种数并简单分类，同时记录自己夜观听到的物种，整理成夜观物种笔记。

（五）模块组合建议

1.针对6～11岁学生的课程

导入与构建：模块2

教学与实践：模块3、模块5、模块6

分享与总结：模块7

任务与拓展：模块8

2.针对12～15岁学生的课程

导入与构建：模块1

教学与实践：模块4、模块5、模块6

分享与总结：模块7

任务与拓展：模块9

四、课程实践与成效

2024年7月17日，在象头山保护区进行了课程实践，由张尚为老师在室内上了"粤夜越精彩"课，并带大家进行了夜观。同学们积极参与，对夜间活动的蛾类、金龟子或休息的黑疣大壁虎、绿瘦蛇等有了进一步的认识，成效较好。

象头山保护区科普宣教员张尚为（黑猫）开展"粤夜越精彩"授课

户外夜间观察

溪流的故事

一、课程概览

（一）内容导读

"溪流的故事"是象头山保护区的主题自然课程之一，围绕保护区内的溪流与水电站展开，通过探讨水资源的利用、保护与生物多样性，帮助学生全面理解水与自然环境及人类生活的紧密联系。

象头山保护区的多个小水电站，以及丰富的溪流系统，如小金河等，对区域生态环境和人类生活都有深远影响。本课程通过探索象头山保护区的水资源与水电站共存的现状，帮助学生思考水资源管理的"双刃剑"属性。学生将通过分析水电站的利弊，理解其对生态系统的影响，同时在全球生态大保护的背景下，进一步讨论中国的能源政策和可持续发展策略。

本课程以溪流生境为依托，重点介绍水资源循环、水的净化过程及溪流下的生物多样性。通过实地观察和实践活动，学生将学会分析溪流环境对生物多样性的影响，理解水源涵养地的重要性，进而认识水资源对生态系统和人类社会的深刻意义。

在教学过程中，学生不仅会通过实验和讨论探讨水资源的保护与合理利用，还将通过实地考察水电站，了解水电发电的原理及其对自然的影响。本课程通过动手实践和团队合作，将培养学生的观察力、问题解决能力和科学探究精神，增强他们对水资源保护的责任感。

本课程不仅让学生深刻理解水与自然的互动，还帮助他们树立环境保护意识，关注水资源管理和保护的全球性问题，进而促使他们积极参与环境保护，成为未来的生态守护者。

（二）课程目标

1. 知识与能力

①说出身边水资源的变化及差异；

②了解水的3种形态以及它在自然界中循环的过程；

③通过了解过滤水来理解自然中较为干净的水的由来。

2. 过程与方法

①通过实验，深入思考水资源与各环境要素之间的相互关系；

②思考和讨论建造水库这种方式对水资源利用方式的影响及其"双刃剑"属性；

③在分析环境信息的基础上，为水资源保护与合理利用设计行动方案。

3.情感、态度与价值观

①关爱自然，尊重环境，与自然建立深刻的联结；

②关注家乡所在区域与水资源有关的环境问题，积极参与环境保护行动；

③认识水对生态环境及生物多样性的重要性，了解社会中与水资源利用有关的设施与机构。

二、知识准备与学习

（一）象头山保护区的水文环境

象头山保护区地处经济繁荣的珠江三角洲、粤港澳大湾区内，是北回归线上难得的绿洲，具有水源涵养的重要意义，是珠江三角洲的重要水源涵养地。

象头山山地陡峻，沟谷深邃，地势险要，地形比降极大，境内溪流纵横，数十条小溪流汇入小金河、榕溪沥、雷公河、良田河等，再汇入东江。小金河位于象头山西南，源于象头山范家田，经小金口、白沙流入东江，长27.32千米；榕溪沥位于罗阳镇内，源于象头山西，经莲湖、水西流入东江，长约20千米；雷公河位于泰美东北端，发源于象头山船坑，经泰美流入东江，全长约15千米；良田河位于泰美西南，源于象头山南深谷，经鲜水塘流入东江，长约10千米。

在象头山保护区自然教育径上能看到的是小金河，小金河全流域集雨面积122.6平方千米，干流河长27.32千米。

作为东江水系的源头之一，象头山保护区是惠州、深圳等地重要的饮用水源地，具有极其重要的战略地位，保护好这片东江的水源涵养林具有重要的生态效益、社会效益和经济效益。

象头山谷深林茂，溪流纵横、源远流长，山泉清幽、蕴藏着丰富的泉水。这造就了千姿百态的溪流瀑布，汇聚成碧如翡翠的深潭湖泊；涵养着高山植被，孕育了丰富物种；蕴含着丰沛的水资源，可用来发电，造福人类社会。

（二）象头山保护区的水资源及利用

小金河发源于象头山排牙山，流向东南，经范家、下派里、三峡水、三堆池、荷树坪、零二口、白水寨、望娘坳，至四角楼出山，折向西南，至金交椅流入东江。流域面积达116平方千米，河流长33千米，总落差792米，河道平均坡降10.9%。

小金河流域地形比降大，水流落差大，水力资源丰富，多用于水力发电。小金河的7个梯级水电站工程自1976年就开始动工，到了1988年先后建成，装机16台，总装机容量9750千瓦，在上游的各支流分别修起7个山塘水库，总库容985万立方米，水库可控面积15平方千米；架设35千伏输电线路23千米、10千伏线路28千米，与博罗变电站并网。

象头山保护区水资源丰富，水质优良，利用价值高，既是重要的饮用水水源，又是水力发电的充裕能源。在象头山其他水源丰富的地方，又建了一个惠州抽水蓄能电站，是"西电东送"的配套工程，建有2座水库和2座电厂。

合理开发水资源，防止含水层、储水体枯竭，增强河流上游森林的拦蓄作用，是保护水资源的根本任务。

三、教学模块

（一）导入与构建

模块1　听音辨水

1.1　引入：这是什么声音？教师播放各种水流动的声音（如雨水、河水、海水、瀑布、水龙头等），请学生仔细聆听后，进行抢答，猜猜刚刚的水声是什么。

1.2　教师提问与讨论：这些声音是怎么发出来的？为什么不一样？它们有什么共同的特性？

（二）教学与实践

模块2　水的重要性

2.1　教师提问："俗话说水是生命之源，水为什么对我们这么重要？"邀请学生回答。

2.2　教师讲解水对于生物的重要性。

2.3　教师讲解植物的营养运输过程（蒸腾作用）。

模块3　水的三态与水循环实验

3.1　水的三态实验：通过冰、水和水蒸气的变化实验，展示水的固态、液态和气态之间的转换。学生将观察冰融化成水，水加热后变成蒸气，了解水的3种形态及不同状态的物理特点。

3.2　水循环模拟：学生分组模拟大自然中的水循环过程。每组分别代表海洋、云、河流和雨水，通过简单的道具（如喷瓶、蒸发装置等）展示蒸发、凝结和降水等过程。这一活动能够更好地将水的三态与水在自然界中的循环过程结合起来，增强学生对自然水循环的理解。

3.3　讨论：每组学生根据实验内容，讨论水的三态变化如何在自然界中影响动植物的生存，特别是在象头山保护区溪流生态系统中的作用。教师通过引导式提问，让学生理解水的循环与生物多样性的关系。

模块4　溪水的净化

4.1　观察溪流中的水，了解天然水为何这么干净，它是如何净水的，是谁帮助了溪水净化。

4.2　展示惠州的水系及象头山保护区的水系，教师提问："生活中离自己最近的一条小河或溪流是哪一条？从哪里流下来的？喝的水又是从哪里来的？"随后，教师讲解象头山的水库和溪流有什么功能，和人们生活有什么关系。

模块5　水的净化与人类对水资源的影响

5.1　水的净化实验：学生通过使用不同的过滤材料（如沙子、石子、活性炭等）模拟水的自然净化过程。每组学生选择不同的过滤材料，并观察其效果，记录水的透明度和净化效果。

5.2　引入现实场景：教师通过展示现实中的水处理设施，如象头山保护区周边的水库或城市水处理厂，帮助学生理解人类如何通过现代技术净化和管理水资源。

5.3 讨论与反思：教师引导学生讨论自然水资源净化与人造净水设施的异同，思考我们日常生活中的水是如何经过多重处理后变得可饮用的。学生将反思他们的用水习惯，提出节约用水和减少水污染的具体行动。

模块6 溪流对生物多样性的意义

6.1 教师讲解象头山保护区溪流对生物多样性的影响。

6.2 观看纪录片《一条溪流的朋友圈》。

模块7 溪流生物实地观察

7.1 教师颁发溪流生物记录卡。

7.2 教师带领学生沿着溪流进行自然观察。

模块8 水电站参观与水资源管理角色扮演

8.1 参观与讲解：学生参观象头山保护区内的小水电站，了解水电站如何利用水流产生电力。教师通过简化的原理图，帮助学生理解水力发电的基本原理，并展示发电过程中的水循环。

8.2 角色扮演讨论：在参观结束后，学生分组扮演不同的角色，如环境保护主义者、水电站工程师、当地居民等。每个角色需就水电站对环境的利弊进行讨论，提出相应的建议或反对理由。

8.3 问题探讨：教师引导学生讨论水电站对生态系统的影响，包括对溪流生物多样性的潜在影响，以及如何在发电与生态保护之间取得平衡。最后，学生需提出改进水电站设计或运营的建议，促进水资源的可持续利用。

（三）分享与总结

模块9

9.1 教师引导学生回顾课程内容，加深印象。

9.2 教师结合活动内容讲述水的重要性和洁净水的来之不易，强调保护水源和节约用水的重要性。

（四）任务与拓展

模块10 家庭节水与水资源探访

10.1 家庭节水计划：活动结束后，学生将与家人一起记录家庭日常用水情况，识别出可以减少用水或重复利用水资源的环节（如洗澡、洗衣、浇花等）。学生需制订并执行为期一周的家庭节水计划，随后在课堂上分享其节水成效与个人体会。

10.2　水资源探访任务：学生选择家附近的河流、湖泊或水库进行实地观察，记录水质、污染情况及水体周围的环境。通过填写《水资源观察表》，学生将分析存在的环境保护问题，并提出保护或改善水资源利用的建议，讨论这些建议的可行性。

模块11　社区节水倡导与生态志愿者行动

11.1　社区节水倡导：学生在家庭节水的基础上，制作《节水倡导宣传海报》或拍摄短视频，向社区、学校或社交媒体宣传节水的重要性。通过分享个人节水经验，学生将倡导更多人关注水资源保护，扩大节水行动的社会影响力。

11.2　生态志愿者行动：学生可以选择加入象头山国家级自然保护区的环境保护志愿者活动，参与如"溪流清理""溪流生物多样性观察"等实际行动。通过亲身体验环境保护，学生将进一步增强环境保护意识，并培养自己参与社区环境保护行动的责任感和成就感。

（五）模块组合建议

1.针对6～11岁学生的课程

导入与构建：模块1

教学与实践：模块6、模块7、模块9

分享与总结：模块10

任务与拓展：模块11

2.针对12～15岁学生的课程

导入与构建：模块1

教学与实践：模块2、模块3、模块4、模块5、模块6、模块7、模块8、模块9

分享与总结：模块10

任务与拓展：模块11

四、课程实践与成效

2024年7月17日，在象头山保护区进行了课程实践，由李雄辉老师在室内上了"溪流的故事"一课，并带大家沿着溪流进行了观察。同学们积极参与，对溪流中的豆娘、蜻蜓及蛙类、鱼类、水生植物等有了进一步的认识，成效较好。

象头山保护区科普宣教员李雄辉（木荷）开展"溪流的故事"授课

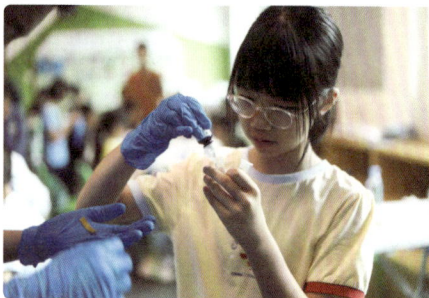

现场水质检测

"溪流的故事"课程访谈总结

第九课

治愈系森林

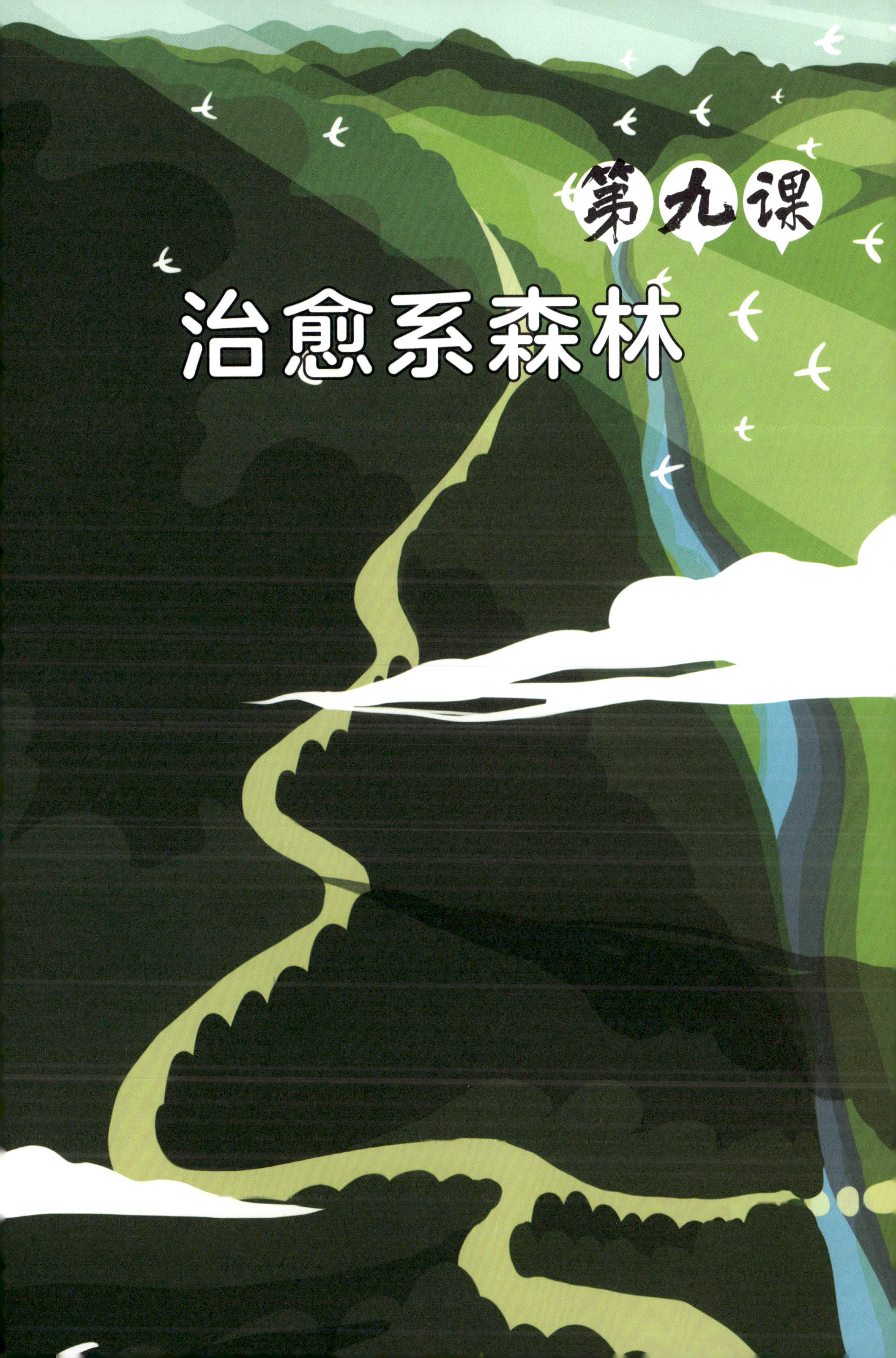

一、课程概览

（一）内容导读

本课程将带领学生踏入象头山保护区，感受大自然的治愈力，开启一场身心放松与生态认知的旅程。在象头山保护区郁郁葱葱的森林中，学生通过体验式活动、冥想和自然游戏，逐步理解森林对人类健康的积极影响，感受大自然给内心带来的平静与安宁。

象头山保护区独特的森林生态系统不仅具备涵养水源、净化空气的作用，还为身心健康提供了极大的好处。森林中的植物释放的负离子和芬多精，能够帮助杀菌、消毒和净化空气，极大地改善人体健康。学生将在这节课中学习如何通过"森林浴"和"自然冥想"来缓解压力、增强免疫力，并体验到大自然对情绪、专注力的正面影响。这种疗愈性的课程内容，不仅能帮助学生在紧张的学习生活中找到平静的港湾，还能增强他们对自然的依赖与珍惜之情。

本课程设计互动性强的自然游戏作为调节环节，使学生能够在轻松愉快的氛围中融入自然与集体，在团队合作与分享中加深对自然的感悟与认知。例如，学生通过盲行游戏感受森林中的声音、气味和触感，借助感官的唤醒更好地了解自己与自然之间的联系。无论是感官游戏还是角色扮演，所有设计的活动都能有效增强学生的观察力、合作能力及情绪管理技巧。

此外，象头山保护区的森林主题手作步道也是本课程的亮点之一。手作步道的建设不仅尊重了生态系统的自然状态，还体现了"人与自然相互治愈"的理念。学生将在手作步道上漫步，感受自然生态与人类活动的和谐共存，并在体验步道的过程中，理解"无痕山林"的环境保护理念。本课程通过让学生成为"绿色天使"、参与环境保护行动和实践"无痕山林"的理念，进一步增强他们对自然保护的责任感和使命感。

本课程结束时，学生将在森林治愈系小屋内进行反思与分享，通过集体冥想和情感交流，内心深处的压力和情绪将被释放。这不仅是一次身体上的疗愈，更是一次心灵的净化。每个学生都有机会通过"我记得""我感受"等方式分享自己的体验和感悟，形成深刻的情感联结和对自然的感恩。

　　通过本课程，学生将学会如何在日常生活中运用自然疗愈的方法，保持身心健康，释放内心压力。更重要的是，他们将在与大自然的深度接触中，学会尊重与保护自然，成为未来的自然守护者。无论是孩子、家庭还是团体，本课程都将带给参与者前所未有的治愈体验和自然认同感，使每个人都能从中找到内心的平和与力量。

（二）课程目标

1.知识与能力

①理解生态系统的重要性和森林对人类健康的益处；

②学会自然疗愈的方法，提高身心健康。

2.过程与方法

①启发学生用感官去感知自然，提高观察力和沟通技能；

②教授学生自然疗愈方法，包括森林浴和冥想。

3.情感、态度与价值观

①培养学生对自然的尊重和感恩之情，激发他们对自然的热爱与保护意识；

②培养学生的平和和放松的心态以及专注度和情感的管理能力。

二、知识准备与学习

（一）象头山森林康养

　　森林除了具有我们熟知的制氧降尘、涵养水源的功效，还具有卫生保健的效益。象头山保护区内，小金河流水潺潺，自然教育径步道周边植被茂密，植物种类丰富，绿树浓荫。森林植物的根、茎、叶、花释放的芬多精可杀菌、降尘、消毒、净化空气。森林里空气清新，尘埃少、细菌少、噪音小、空气负离子浓度高、植物芬多精含量高，有利于人体健康，常去森林里活动，可以减少疾病。

象头山保护区的森林

目前，象头山保护区和科研院所、森林康养企业、医院等正联合开展科技创新项目，通过开展森林医学实证实验验证森林对人体的治疗和康养作用。

（二）象头山保护区手作步道及设计理念

象头山自然教育径的"治愈系森林"主题步道是一条手作步道，建于2018年，它的核心建设理念是人与自然相互治愈，主要体现在以下几个方面。

一是人对自然的珍惜之情，这主要体现在步道的自然性铺装材料和工艺。铺装材料采用的是小石块、小木墩、古船板、木板、碎石等，这些材料不仅环保，还能与周围环境融为一体，减少对生态的破坏。铺装工艺除了使用小型切割机或锯子来完成粗加工外，其他差不多都是手工完成的，这样既减少了大型机械对环境的干扰，也让建设过程更加贴近自然。

象头山保护区手作步道场景

　　二是人对自然的守护之情。在"治愈系森林"主题步道的解说牌上，介绍了象头山保护区的工作人员平时都做些什么，尤其是选择不同年代的护林员代表，通过他们真实的护林故事向大家传达人对自然的守护之情。

"治愈系森林"主题步道上"林业守护者"解说牌

三是人和动植物的共情。这条步道以宣传牌的形式讲述了很多动植物的"亲情""友情"和"爱情"的故事，用这些动植物生存现象体现的特征和人类追求的美好情感的共通之处，可对来访者进行心理疗愈。

"治愈系森林"主题步道上的"自然界的温情"解说牌

四是森林疗愈设施的设置。用森林地形疗法的理念建设步道，用体验"情绪体操"的理念打造放松平台，并设置了森林治愈系小屋。森林治愈系小屋是整条手作步道的重要节点，也是开展自然体验活动的重要场所。小屋的风格简单自然，用钢架和木结构混合搭建，屋顶为斜坡式设计，四壁通透，完全开敞，有条状的镜面装饰，还挂了风铃和"治愈系"解说牌。访问者步入森林来到这里，可以围坐分享对森林的感受，也可以默默

地独自做自然冥想，看看解说牌，听听屋顶风铃摇曳，渐渐释放自己的心灵，治愈作用就这样自然而然产生了。

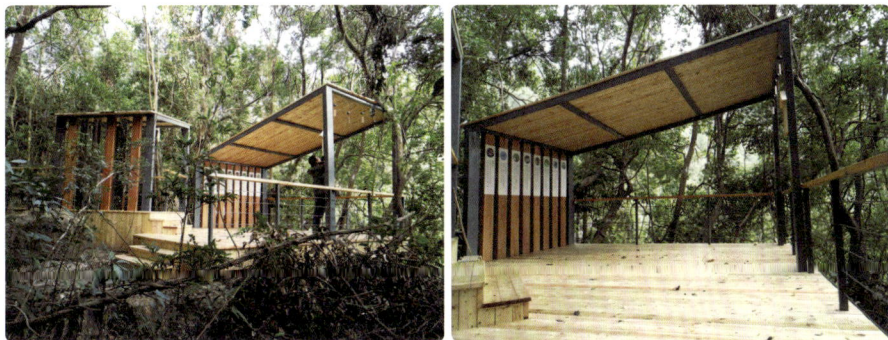

森林治愈系小屋

三、教学模块

（一）导入与构建

模块1　自然场景感受

1.1　教师自我介绍，对本课程内容进行导入。

1.2　教师播放象头山保护区的自然景色视频，学生眼前呈现美丽的自然画面，如清晨的雾气、瀑布的流水、鸟儿的鸣叫等。

1.3　随着画面的呈现，教师提出引导性问题，例如，"你们看到了什么？这些景色给你们的感觉是什么？"，引导学生开始用五感感知自然，并分享他们的感受。

模块2　破冰与感官唤醒

2.1　破冰游戏——木棒联系网：教师带领学生到一片空地，围成一个圈。学生依次做自我介绍，教师用一根长木棒进行互动游戏，学生通过传递木棒快速记住彼此的名字。木棒倒向哪名学生，那名学生就必须说出另一个同伴的名字并完成位置交换。这一环节不仅能加深学生之间的联系，还能活跃气氛，使大家迅速融入集体，期待接下来的活动。

2.2　感官唤醒：在破冰之后，教师引导学生开始用感官感知周围的自然环境。引导学生闭眼睛或安静站立，学生需专注聆听自然界的声音，感

受树叶"沙沙"作响、鸟儿鸣叫、溪流潺潺等声音。这将帮助学生更好地进入大自然，唤醒自己对环境的敏感度，为接下来的冥想活动做准备。

2.3　分享感受：在感官唤醒后，学生分享自己听到或感受到的自然现象，并谈论这些声音和气味给他们带来了什么样的情感体验。这一环节既能让学生关注自然的细节，也能为后续的冥想做情感铺垫。

（二）教学与实践

模块3　手作步道的探索与自然建造体验

3.1　步道介绍与示范：教师通过展示步道的手作工艺，向学生解释步道设计理念和施工细节，特别是人与自然的和谐共存理念。可以通过展示一些步道建设过程中的工具和材料，增强学生对手作步道的理解。

3.2　动手实践——小型步道建造：为了让学生更加直观地理解"人与自然相互治愈"的理念，教师可以带领学生利用简单的天然材料（如石块、木片、树枝等）设计并建造一小段模拟步道。这一实践环节不仅能够提升学生的动手能力，还能让他们更深刻地理解自然保护中的精细工艺。

3.3　反思与讨论：在体验建造步道后，教师引导学生反思建设步道过程中如何减少对自然的破坏，并提出问题："如果你是森林的设计师，如何平衡生态保护与人类使用？"通过这种讨论，能够加深学生对环境保护建造理念的理解。

模块4　森林对人类身心健康产生的作用

4.1　教师向学生解释森林中的气味、声音和景色如何对人类的身心健康产生积极影响。

4.2　教师介绍森林中的负离子、芬多精和大自然的声音的作用。

模块5　森林浴与冥想体验

5.1　森林浴引导：教师带领学生在森林中漫步，引导学生进行深呼吸，感受周围空气中的芬多精，释放压力，平复情绪。教师可以结合一些简单的身体放松练习，例如，慢慢伸展四肢、闭眼深呼吸，逐步引导学生放松身心。在这个过程中，学生可以静静地感受森林环境中的气味、声音和温度。

5.2　冥想活动：学生在教师的指导下选择一个安静的地方坐下或躺下，开始冥想练习。教师引导学生将注意力集中在呼吸上，感受地面的触

感和周围的自然声响。教师通过轻声的引导，帮助学生放松全身，并逐步引导他们思考"森林如何疗愈我们"这一问题。在冥想中，学生可以将烦恼或压力释放到大自然中，让自己在冥想后感到轻松愉快。

5.3　冥想后的分享：冥想结束后，老师邀请学生分享他们在冥想中体验到的感受，并提问："森林给你们带来了什么样的安宁与治愈？"通过分享，不仅提升了冥想的效果，还加强了学生与自然之间的情感联结。

模块6　无痕山林理念的行动与反馈

6.1　无痕山林任务卡：在课程开始时，教师发放无痕山林任务卡给每个小组。每张任务卡上列出了一些无痕山林的关键行为（如垃圾分类、避免破坏植物、节约水资源等）。学生在整个活动过程中需要完成这些任务，并在课程结束时汇报他们的环境保护行动。在任务卡中设置特殊角色卡"绿色天使"，负责捡拾活动中发现的丢弃在山林中的垃圾，收集同学的拾取物。

6.2　任务回顾与奖励：课程结束时，教师组织学生分享他们完成的无痕山林任务，汇报他们在活动中做出的环境保护行为。通过小组讨论和奖励机制，鼓励学生继续在日常生活中践行无痕山林的理念。老师可以通过颁发"环保小卫士"称号或徽章，激励学生将这些行为延续到未来的生活中。

模块7　盲行探索与自然笔记

7.1　盲行体验：学生2人一组，轮流蒙眼，另一名学生引导队友安全通过森林中的某段步道。在这个过程中，蒙眼的学生需要通过听觉、嗅觉和触觉去感知周围的环境。引导者则通过语言描述和适当的安全引导，帮助蒙眼的伙伴安全前行。这不仅能增强学生之间的信任感，还能激发他们对自然的感知能力。

7.2　感官记录与自然笔记：完成盲行后，学生将坐下来在提供的笔记本上记录自己盲行时的感受和回忆，特别是听到的声音、闻到的气味或触碰到的植物质感。教师可以鼓励学生画出他们感受到的自然景象，并标注出他们在森林中探索到的特别之处。这一环节不仅增强了学生的自然感知力，还通过艺术和文字表达帮助学生沉淀情感。

模块8　森林体验

8.1　教师带领学生在森林中慢步、深呼吸、专注感知。

8.2　在户外休息处或溪流岩石安全位置，进行冥想体验。

模块9 森林寻宝

9.1 教师介绍小径寻宝游戏规则，发放寻宝地图。寻宝地图上错落标记着有特色的自然景观、珍奇植物和奇特动物等信息共计10个。

9.2 学生在森林漫步中找到宝物进行打卡。

9.3 教师通过展示自己的自然采集品来引入自然采集的概念和意义，并提问学生："什么可以被大家收集？"，以此来引入自然收集的规则。教师告知学生，在寻宝过程中如果有自己喜欢的自然遗失的宝物，可以收集。

9.4 教师带领学生进行森林漫步，开启寻宝活动。

（三）分享与总结

模块10 环境保护行动与无痕山林总结

10.1 "绿色天使"的环境保护责任：在课程接近尾声时，教师将邀请"绿色天使"展示他们在活动过程中捡拾的垃圾，并对他们的环境保护行动表示表扬。每个学生将分享他们在活动中如何帮助维持自然环境的清洁，并反思自己未来如何在日常生活中继续践行无痕山林的理念。

10.2 无痕山林讨论：教师带领全体学生讨论我们如何更好地保护大自然。通过讨论，学生可以分享他们的环境保护理念，并提出改善自然环境保护措施的建议。教师将引导学生认识到，小小的环境保护行为也可以对自然产生积极的影响。

10.3 环境保护行动承诺：最后，学生将在教师的引导下，写下他们未来愿意践行的环境保护行动承诺。例如，减少塑料使用、定期参与垃圾清理活动或在家庭中推动节约用水等。通过这个承诺，学生将带着环境保护使命离开课程，并成为日常生活中的环境守护者。

模块11 森林寻宝总结

11.1 老师总结寻宝地图上的藏宝点和宝物信息。

11.2 引导学生对自己的自然宝物进行分享。

11.3 对分享的学生进行鼓励并作出奖励。

模块12 冥想回顾与情感升华

12.1 深度冥想回顾：在结束冥想环节后，教师可以通过引导学生再次回忆冥想中的感受，引导他们深入思考："森林带给你们什么样的感受？

你们如何在日常生活中找到这种平和？"通过这种情感引导，学生能够更加明确大自然的疗愈作用，并将这种体验融入他们的日常生活。

12.2 自然感悟绘画：为了帮助学生更好地表达他们的感受，教师可以让学生通过绘画的方式记录他们在课程中的情感体验。每位学生绘制出一幅"我与森林的联结"的图画，然后依次向其他同学展示，并分享图画背后的感悟。通过这种视觉表达，学生能够更好地整理情感并加深对课程内容的理解。

（四）任务与拓展

模块13 自然冥想分享

13.1 分享自然冥想的方法给亲朋好友，进行一次冥想。

模块14 无痕山林理念传播

14.1 外出旅行时，践行无痕山林理念。

（五）模块组合建议

1.针对6～11岁学生的课程

导入与构建：模块2

教学与实践：模块5、模块6、模块7、模块9

分享与总结：模块11、模块12

任务与拓展：模块14

2.针对12～15岁学生的课程

导入与构建：模块1、模块2

教学与实践：模块3、模块4、模块5、模块6、模块7、模块8

分享与总结：模块10、模块12

任务与拓展：模块13

四、课程实践与成效

2024年7月16日，在象头山保护区进行了课程实践，由董晶丽老师在室内上了"治愈系森林"一课，并带大家来到治愈系步道进行了体验。同学们积极参与，对森林的意义有了进一步的认识，成效较好。

象头山保护区工程师董晶丽（毛毛虫）开展"治愈系森林"授课

"治愈系森林"热身活动

在情绪释放平台体验释放情绪树叶

第十课
笔记象头山

huò
尺蠖

尺蛾因幼虫行动时的姿态而得名.
※尺蛾总科共同特征:幼虫下唇的形
状:沿中线吐丝器延伸于前端顶~

豹尺蛾

Dysphania militaris

昆虫纲-鳞翅目-尺蛾科

▲ 林奈命名"Geometra"即"几何学者"或"丈量土地者"的意思~

▲ 分布于华南和西南地区

▲ 前翅狭长,外缘极倾斜,翅端为蓝黑色,有两列半透明
的圆形白斑;基部为杏黄色,有"乙"形条纹;后翅古黄,故饰橙
紫色斑块~ 前翅长度18-21mm

幼虫前3对腹足消失,前
进时后1对腹足和臀足向
前移动至胸后方,使腹部
向上弯曲呈弓形,然后举起
头胸向前移动,如此前进.

一、主题概览

（一）内容课程

本课程将引导学生通过自然笔记这一独特方式，深入探索象头山保护区的自然世界，开启一段与自然亲密对话的旅程。自然笔记不仅是记录自然现象的工具，更是一种表达与传递感悟的艺术形式。它通过观察、记录和反思，帮助学生在自然中发现美、探索自然规律，并通过自己的视角将大自然的奥秘展现在纸上。

自然笔记的核心在于三者的结合：细致观察、科学分析和个人感悟。它要求学生不仅要仔细观察自然中的动植物，还要通过思考自然界中的各种现象和变化，将科学的认知与情感的表达有机结合起来。自然笔记不仅仅是模仿绘画或日记，而是对自然世界深入理解后的真实表达。

在教学过程中，教师需要强调自然笔记的两大要点：第一，自然笔记不仅是一种科学的记录方式，更是一种具有个人情感色彩的表达；学生需要通过自然观察，将看到的景象与内心感受结合，形成独特的创作。第二，教师需要特别关注学生的表达障碍，尤其是那些因自卑或害羞而不敢下笔的学生；教师要尊重他们的个人隐私，同时鼓励他们勇敢表达，帮助他们在自然中找到自己的声音。

自然笔记不仅能培养学生的观察力和专注力，还能提升他们的审美能力和表达能力。通过本课程，学生不仅将学会记录自然的技巧，还将逐步养成持续观察和反思自然的习惯。这一过程将帮助他们更好地理解自然界的运行规律，激发其对自然的热爱与保护意识。

自然笔记如同一扇通向自然的窗户，让学生不仅在知识层面上了解自然，更在情感层面上与自然建立起深刻的联系。希望通过本课程的学习，学生能够享受自然观察与笔记创作的乐趣，体验记录大自然的美好，进而激发他们对自然的敬畏与珍视。

（二）课程目标

1.知识与能力

①了解自然笔记的创作技巧；

②学习创作一幅完整的自然笔记；

③掌握自然笔记创作的多种观察方法。

2.过程与方法

①使用自然笔记的多种创作方法；

②通过在野外创作自然笔记，思考和总结自然观察的方法；

③与同学分享和讨论自己的自然笔记。

3.情感、态度与价值观

①亲近大自然，与大自然产生更加紧密的联结；

②积极主动、自信地表达自己的想法；

③尊重他人的探索与发现。

二、知识准备与学习

（一）自然笔记的概念

自然笔记是观察自然、认知自然、学习自然、记录自然和展示自然的一种有效方式；是培养大家感悟自然、热爱自然、顺应自然和保护自然的价值观与健康行为的有效路径；也是自然规律和法则的认知与了解过程。

（二）自然笔记的对象

自然笔记的对象，可以是自然界中的生态系统、自然景象和各类动植物，如鸟、兽、蛙、蛇、鱼、虫、花、草、树、蕨、苔藓、地衣、村落、道路、农田、山、林、湖、溪流、岩石、云、霞、彩虹等。通过细心地观察、研究、认知与记录之后，展示出自然的神奇、美丽、智慧与伟大；可以把在自然中所观察到的动植物等形态特征，它们的生活习性和所存在的意义，以及它们与人类生活的关系等内容进行记录与展现。

为了使自然笔记的内容更具特色和丰富多彩，还可以融入与学习、生活相关的国学、文学、博物学和本草学等内容。自然笔记并不是简单的观察和记录，不能照抄照片和动植物的描述，需要加入个人的感想。

（三）自然笔记的要素

一件完整的自然笔记作品，需要具备：绘画的对象、主题、记录人、时间、地点、天气、观察记录的感想等。

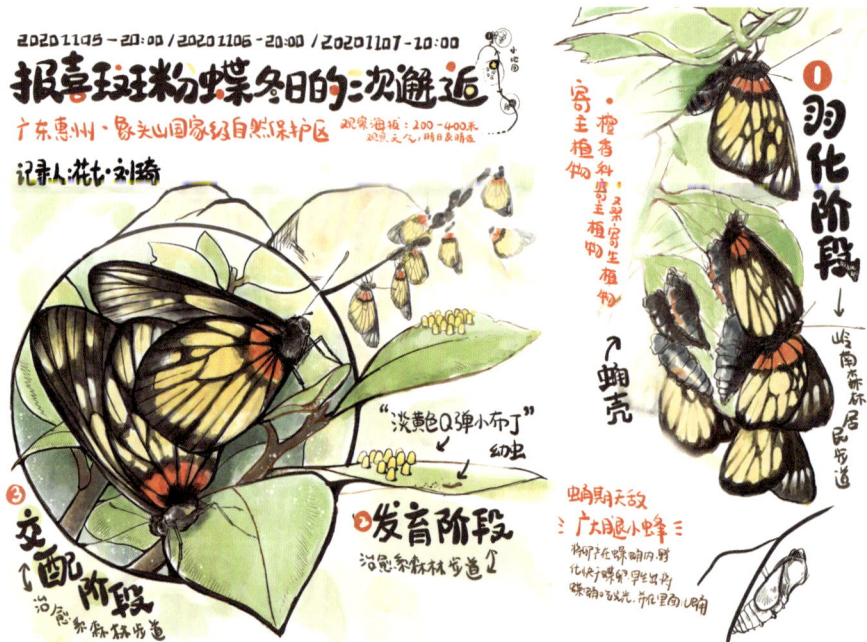

一份自然笔记作品

（四）自然笔记的工具

笔（铅笔、中性水笔、彩色铅笔或水粉颜料）、笔记本（也可为硬皮白纸本或夹在硬板上的白纸）、直尺、放大镜、生物图鉴和照相机。

纸和笔用来记录。观察时，直尺用来准确测量各种生物的大小，比如，一片叶子的长与宽。放大镜用来观察生物的细节特征。植物图鉴、鸟类图鉴、昆虫图鉴、真菌图鉴等用于了解所绘对象的简要识别特征。照相机用于拍照，以供绘画参考。

（五）观察记录提示

对观察记录的对象进行仔细观察，如叶片形状，叶片是单叶还是复叶，是全缘还是有锯齿，叶片上是否有附属物；花瓣是5瓣还是4瓣，花瓣颜色是黄色还是紫红色，雄蕊数量是10还是5，柱头是三叉还是三角形；

芽是否有鳞片；触角是锤状还是羽毛状，羽毛是黑色还是泛紫色；鸟喙是直的还是弯曲的；脚趾是4个还是5个；真菌是否有菌环或菌托，菌盖下方是菌褶还是菌管。甚至还可以观察动态过程，如花是早上开还是下午开，抑或是晚上开；花开时颜色如何，授粉后颜色如何；有哪些动物帮忙传粉；几天完成开花等。

三、教学模块

（一）导入与构建

模块1 "自然名"创作

1.1 教师作简单的自我介绍，向学生介绍自己的自然名，展示以自己的"自然名"为主题创作的自然笔记，并讲解自己的自然名故事及对应自然物的知识。

1.2 鼓励学生为自己起一个自然名，从而与大自然建立联结。

模块2 色卡创作

2.1 教师导入自然笔记的体验游戏，讲述游戏规则：在5分钟内，让学生以个人为单位，在教室范围内通过窗户向外观察并寻找"红、橙、黄、绿、青、蓝、紫"7种颜色代表的自然事物。

2.2 教师向学生发放色卡教具，说明使用规则和记录方式，鼓励学生画出观察到的自然事物的图形，并写出它的名字。如果暂时不知道所画自然事物的名称，尝试为它命名。

2.3 教师邀请1~3名学生分享自己的发现，老师总结并表扬分享的学生，也需鼓励其他学生。

（二）教学与实践

模块3 初识自然笔记

3.1 教师询问学生平时是否有做笔记和写日记的习惯，继而引出"是否知道自然笔记"的问题。

3.2 教师观察学生反应，如果有人回答"知道"，可以邀请1~2位学生分享自己的经历。

模块4 狭义的自然笔记

4.1 教师详细讲解狭义的自然笔记的基本定义。

模块5 广义的自然笔记

5.1 教师询问学生是否还有别的形式的自然笔记，讲解广义的自然笔记的基本定义。

5.2 教师展示影像、录音、文字等不同形式的"自然笔记"案例。

模块6 自然笔记的历史

6.1 教师展示远古时期的壁画，讲述壁画的内容和意义，强调简单质朴的绘制技法。

6.2 教师邀请同学在黑板上绘制自己的生肖动物形象，继续打破学生对于绘制自然笔记的不自信，鼓励学生不要受绘画技巧的限制。

模块7 自然笔记构成元素

7.1 教师导入自然笔记如何做，展示一张完整的自然笔记图，引导学生找出该自然笔记中有哪些组成部分。

7.2 学生回答完毕后，教师总结自然笔记的几种元素（绘画的对象、主题、记录人、时间、地点、天气、观察记录的感想等）。

7.3 教师针对每个元素分别展示其特点，并展示以对应元素为侧重点的自然笔记。

模块8 自然笔记主题对象

8.1 教师针对自然笔记的绘制对象进行相应的详细介绍。

8.2 教师分享自然观察技巧，讲解将自然观察转化为自然笔记的过程。

8.3 教师介绍自然界的分类，引导学生确定自然笔记的主题方向。

模块9 认识自然笔记的工具

9.1 教师介绍自然笔记的基础创作工具。

9.2 教师介绍自然笔记更多的工具，包括创作工具、观察工具和收集工具。

模块10 自然笔记的主要表达方式

10.1 教师展示自然笔记的6种主要表达方式。

10.2 教师将6种笔记图片打乱，让学生连线，强化学生对表达方式的记忆。

模块11　自然笔记赏析

11.1　教师展示"特写式"自然笔记作品，带领学生赏析笔记。

11.2　教师展示"观察日记式"自然笔记作品，带领学生赏析笔记。

11.3　教师展示"物种比较式"自然笔记作品，带领学生赏析笔记。

11.4　教师展示"持续式"自然笔记作品，带领学生赏析笔记。

11.5　教师展示"场景式"自然笔记作品，带领学生赏析笔记。

11.6　教师展示"地图式"自然笔记作品，带领学生赏析笔记。

模块12　自然笔记训练

12.1　教师准备自然笔记小训练，选择象头山保护区特色动植物作为训练参考对象。训练分为多轮，难度从简易到困难。

12.2　教师请学生在15秒钟内为展示的自然对象画一个肖像，发现它最特别的地方。教师计时，到点隐藏对象，请学生停止作画。

12.3　教师邀请一位学生分享自己的作品，引导全体学生分析对象的整体特点。

模块13　自然拟人活动

13.1　活动准备。准备任务卡和学生手册，这些文件应包含关于活动目标、流程、示例和任何必要的指导。任务卡可以提供有关拟人化的自然物的信息，以激发学生的创意思维。

确保有足够的绘画材料，包括画笔、颜料、纸张或画布，以及其他可能需要的工具，如彩色铅笔、彩色粉笔等。绘画空间应当充足，可供打草稿。

为学生提供足够的树枝或其他自然材料，用于对应游戏环节。准备相机或智能手机，以便教师可以拍摄高清照片，记录每位学生的作品。

制定详细的时间表，包括每个活动阶段的时间，以确保活动按计划进行。同时，安排人员协助学生并确保他们的安全。

准备一些额外的示例作品，以启发学生的想象力，并在需要时提供参考。如果活动时间较长，活动前确保学生带够水，可以提供小吃和饮料，以确保学生在活动期间保持精力充沛。

准备垃圾袋和回收容器，以便在活动结束后清理废弃物和绘画材料。

可以考虑为学生提供证书或奖励，以表彰他们在活动中的努力和创意。考虑可能出现的突发情况，准备备用计划以应对不可预测的情况。

13.2 教师带领学生来到集合地点，整理队伍，开始活动。

13.3 教师介绍活动的主题：观察记录自然事物后，可以发挥想象力，将最喜爱的自然物拟人化，想象它们的性格，赋予它们和人一样有感情、语言、动作的能力。

13.4 教师展示自己的自然拟人作品。

13.5 教师带领学生走进象头山保护区进行森林漫步，寻找自己喜欢的自然凋落物。

13.6 教师带领学生集合在开阔的休息区，开始分组游戏。分到一组的学生面对面坐下，使用自己寻找到的自然凋落物绘制对方的自然名形象。5分钟结束后，教师邀请学生分享自己的作品。可以采用以下两种方法分组。

方法一：在安全范围内，闭眼走动，音乐停止，睁开眼后第一眼看到谁就与其结成小组。

方法二：自己捡取的自然物和对方对对碰。对比自己与他人的自然物，判断相同的为一组，即为碰对成功。

13.7 教师用绳子在空地围出穿山甲的轮廓。学生将自己捡取到的自然掉落物填充出穿山甲的形象，创建出自然作品。老师讲解穿山甲在象头山保护区的故事、生存的艰难，呼吁学生保护穿山甲。

13.8 学生从自己找到的自然物里选定一样进行仔细观察，并以此绘制自然拟人形象。教师使用树枝为道具讲解"火柴人"绘画技巧，为学生讲解绘制人物结构的简要方法。学生使用树枝或其他自然材料创造出一个人的形象。

13.9 学生在纸上创建自然拟人形象，教师流动式进行指导。

13.10 活动结束时，教师将所有学生的画展示在同一面墙上，邀请每一位学生分享他们的自然拟人作品。每人展示时间在3分钟以内。教师拍下每一位学生的高清作品。

13.11 教师总结本次活动的成果，鼓励学生继续修改提升自己的自然拟人作品。

13.12 在活动结束后，教师请每一位学生清理废弃物和绘画材料，带走垃圾。

模块14 与树为友

14.1 与树为友：活动前，教师准备卷尺、望远镜、放大镜、绘图大白纸、分组工具（按照参加活动的学生数量进行预分组，在活动路线收集若干组树叶，使用剪刀将树叶裁切成每组人数对应的碎片，作为分组游戏的道具）。教师选择出现其他生物概率较大的树木作为活动的集合点，提前了解树木的种类，了解树木与它上面出现的其他生物的关系。

14.2 教师带领学生来到集合树下，整理队伍，开始活动。

14.3 教师讲解分组游戏规则：每人在布袋中抽取一片树叶碎片，然后在人群中寻找可以与自己组合成一片完整树叶的学生，以此作为一组进行接下来的观察活动。找到自己队员的学生从教师处领取一组工具，包含卷尺、望远镜和放大镜。

14.4 各小组根据本组拼合的树叶判断对应的树木种类，即为本组的幸运树在教师处领取对应树木的提示卡。

14.5 教师介绍活动的主题：寻找一棵自己组的幸运树，观察记录这棵树的模样，树上出现的相伴生长的生命（如陪伴成长的一根小藤、路过的飞鸟、栖息在树洞里的松鼠等），以及这棵树上发生的有趣的自然故事。

14.6 教师展示自己的"一棵树"自然笔记，带领学生通过五感观察和感受自然笔记中的树。

14.7 老师带领学生在象头山保护区自然教育径进行自然观察，寻找各小组的幸运树。要求各组学生在此过程中绘制树友地图，标记各组树种的位置和数量。

14.8 各组学生按照指定的活动路线，在树木下开始小组的自然观察，绘制自然笔记。时间为45～60分钟。

14.9 教师在小组活动期间流动式前往各组进行指导。

14.10 活动结束时，教师邀请各小组分享他们的自然笔记。每组展示时间5分钟以内。教师拍下每一位学生的高清作品。

14.11 教师总结本次活动的成果，鼓励学生回到家中也可以继续寻找一棵树作为自己的观察对象，创作自然笔记。

（三）分享与总结

模块15　分享与总结

15.1　感受分享与情感升华：在总结时，教师可以先让学生闭上眼睛，回忆今天课程中的每一种感官体验，问他们："哪一个瞬间让你觉得最接近自然？"，引导学生从情感上升华对自然的感受。通过这样的情感分享，增强学生与自然的联结感。

15.2　多感官反馈与展示：在分享自然笔记的同时，教师加入"视觉、听觉、触觉"反馈环节，邀请学生通过"讲述""展示笔记"或者"复述当时的感受"等方式表达对大自然的体验。教师可以对表达深刻的同学进行鼓励，以增强参与感和成就感。

15.3　同伴互评与鼓励：教师引导学生为彼此的笔记做简单评价，如"用一句话赞美自然笔记中的某个特点"。通过互评，增强合作和分享的氛围。同时，教师可以鼓励学生为同伴留下激励性的笔记或评价。

（四）任务与拓展

模块16　神奇种子种出来

16.1　活动结束之后，发放一粒神奇的种子和种植说明卡片，让学生回家种植，观察种子的生长过程。种子可考虑选择具有易发芽、可以食用、短期内生长有明显变化或没有季节的限制等特点的种子。可以使用以下几种种子。

①容易获得的种子：花生、黄豆、绿豆等豆子；蔬菜类的菜籽。

②常见的野花野草的种子：酢浆草、紫花地丁的种子。

③象头山保护区的其他植物果实或种子：如壳斗科植物的坚果。

简易的种植方法：选择没有发霉的种子，放入清水中浸泡，水位没过种子的一半，水多易腐烂，每天换一次水。一周左右，冒出嫩芽。尖头朝下浅浅地种进土中，浇水湿润土壤，每隔2～3天浇水一次。两三周后小芽长成苗，盆栽放到阳台接受阳光。每天浇水，保持土壤湿润，叶子会长得非常快，一个月就长成一盆小盆栽。

16.2　注意事项：不同种类的种子发芽率不同。

模块17　窗外的自然

17.1　寻找一扇窗户，以窗户为画框，向外观察自然，制作一幅"窗外的自然"主题自然笔记。

17.2　对比自己制作的主题自然笔记中窗外的自然与象头山保护区窗外的自然有哪些不同，写下自己的感想。

模块18　校园绿地图

18.1　为自己的学校制作一幅"绿地图"式的自然笔记，寻找、观察并记录校园内的动植物。

18.2　对比象头山保护区与城市校园的自然有哪些区别，写下自己的感想。

（五）模块组合建议

1.针对6～11岁学生的课程

导入与构建：模块2

教学与实践：模块7～11

分享与总结：模块15

任务与拓展：模块17

2.针对12～15岁学生的课程

导入与构建：模块1

教学与实践：模块3～6、模块10～14

分享与总结：模块15

任务与拓展：模块16、模块18

四、课程实践与成效

2024年7月17日，在象头山保护区进行了课程实践，由董晶丽老师在室内上了"笔记象头山"一课，并带大家来到步道，挑选各自喜欢的动植物拍照，然后进行创作。同学们积极参与，学会了创作自然笔记的方法，并完成一幅完整的自然笔记，成效较好。

象头山保护区工程师董晶丽（毛毛虫）开展"笔记象头山"授课

同学们开展自然笔记创作实践

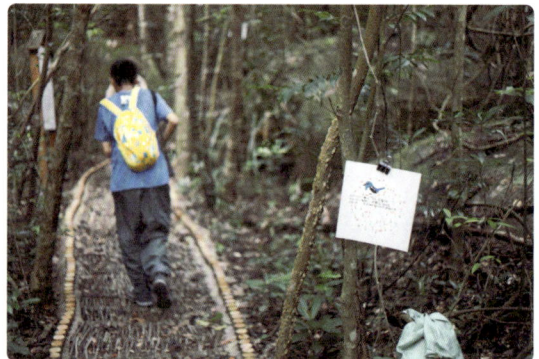

丛林画展

自然笔记作品展示

附件一　注意事项

一、象头山保护区自然教育活动安全守则

为确保每次活动的安全有效，本着安全第一的原则，编者为所有在象头山保护区开展自然教育活动的教师，尤其是带领本套课程的教师设计了以下安全守则。自然教育导师应在授课前完全阅读并理解这些安全守则，并在每次活动的全程贯彻执行这套安全守则。

（一）准备与规划

事先规划：活动前要详细规划路线，考虑天气条件、参与者年龄和体能。

安全培训：所有参与者尤其是每次活动的带队教师都应接受基本的安全培训，了解紧急应对措施。

保险：确保所有参与者都有相应的活动保险覆盖，特别是针对可能发生的意外和健康问题。活动组织者应提前通知参与者关于保险的细节，包括保险范围和如何进行索赔的流程。

（二）装备与衣物

适当装备：确保所有参与者都穿着适合天气和活动的衣物，并携带必要的装备，如防晒霜、帽子、足够的水和紧急医疗包等。

专业装备：如活动需要特殊装备（比如，登山鞋、防虫剂等），应提前通知参与者准备，并检查装备是否适合与安全。

（三）健康与安全

健康状况：确认参与者的健康状况是否适合参加活动，特别是对于有特殊健康需求的人。

紧急准备：确保至少有1名参与者了解急救技巧，并随身携带急救包和必要的医疗信息。

（四）自然保护

森林防火：强调防火规则和措施，包括禁止在未指定的区域内使用火源（比如，露营炉、烟火等），确保所有火源在离开前彻底熄灭，正确处理可能引起火灾的物品（比如，烟蒂）。此外，应告知参与者在发现初期火灾时报告和应对的策略。

环境保护：强调不破坏自然环境的重要性，包括不留下垃圾、不采摘植物、不干扰野生动物。

可持续实践：告知参与者实践最低影响原则，以减少对环境的影响。

（五）导航与通信

路线了解：确保至少有1名教师或领队熟悉地形和预定路线。

保持联系：携带手机或无线电，以便在紧急情况下与外界联系。

手机信号：象头山保护区内手机信号不能全覆盖，教师及参与者应提前知晓，并在活动中确保参与者统一行动。

（六）尊重动物与团队行为

尊重野生动物：避免喂食、触摸或以其他方式干扰野生动物。

团队行为：保持队形，不单独行动，听从领队或教师的指导。

（七）应急响应

紧急程序：清楚地说明遇到紧急情况（比如，迷路、受伤等）时的应对措施。

撤离计划：准备好必要时的撤离路线和方法。

通过遵循这些安全守则，可以最大限度地减少风险，确保象头山保护区内自然教育活动的人员安全和顺利进行。

象头山保护区活动开始前的室内安全警示教育

象头山保护区活动开始前的室外安全警示教育

二、象头山保护区自然教育活动教师守则

象头山保护区的自然教育团队在活动开展伊始便注重将传递自然知识与传递自然保护理念相结合，并致力于提升教师团队的自身素质。经过长期的实践和经验摸索，本着专业、负责等原则，特设置本套自然教育活动教师守则，所有在象头山保护区带领自然教育活动的教师，尤其是本套课程的授课教师，应当提前认真阅读并时刻遵守以下守则。

（一）为人师表

教师应为人师表，尊重自然，平等关心参与者，避免任何形式的歧视或不适当的个人关系。避免在自然环境中的不当行为，如随意丢弃垃圾、干扰野生动物或采摘珍稀植物。

（二）实事求是

知之为知之，不知为不知。教师在指导参与者的过程中，要实事求是，未必介绍到具体种类，可以介绍到类别，甚至在不知道具体种类的情况下，可以引导参与者自己去查阅。在拍照或引用象头山保护区的研究资料过程中，确保尊重知识产权和学术诚信。

（三）循循善诱

提供实际和情感上的支持，帮助学生了解森林生态系统的复杂性，以及人类活动对生态环境的影响。

鼓励学生主动学习和探索，提供机会让他们参与到象头山保护区的科研项目中，增加他们的实践经验和科研兴趣。

（四）全局观念

确保沟通渠道畅通，特别是在野外活动中，确保所有参与者都了解安全规程和活动流程。

提供及时、正面且具建设性的反馈，帮助学生识别他们的强项和改进领域，并鼓励他们对提出的问题和观察进行分享反馈。

（五）循序渐进

定期参与相关培训和研讨会，以巩固加强自己在生态保护、环境教育和野外安全等方面的知识和技能。

分享学习成果和教学经验，共同提高团队的专业能力，更好地服务于象头山保护区的教育目标。

（六）遵纪守法

遵守象头山保护区的规章制度，确保活动不会对生态系统造成负面影响。

积极参与象头山保护区的保护和教育项目，通过个人行动和公众教育促进学生生态保护意识的提高。

（七）多元包容

创造一个包容性的学习环境，尊重不同文化背景的学生，鼓励他们分享自己的看法和经验，促进多元文化的交流和理解。

在教学内容和活动设计中体现多样性，确保涵盖不同生态系统、物种和环境问题，以提供全面的学习体验。

妥善处理学生信息和活动记录，遵守隐私保护法律和政策，确保学生个人信息和学术记录的安全。

通过以上细化的教师守则，教师们可以在开展自然教育活动时更好地引导和支持学生，同时保护和尊重象头山保护区的自然环境与资源。

附件二　问卷

（一）使用说明

为了更好地了解家长和学生对象头山保护区自然教育活动的体验和感受，编者设计了这套简易的反馈问卷。该问卷不是严格意义上的评估工具，而是收集参与者对活动的直观反馈，以便在未来改进课程设计、优化活动安排及提升自然教育的效果。

1.使用对象

①家长反馈问卷：适用于参与活动的学生家长，旨在了解家长对孩子参与活动后的感受，对活动内容的评价，以及对活动组织和效果的看法。

②学生反馈问卷：适用于直接参与活动的学生，目的是收集学生对活动的兴趣、学习体验及对活动安排的建议。

2.使用时机

请在每次自然教育活动或课程结束后，及时发放反馈问卷。建议在活动结束后的分享与总结环节中，由教师引导家长和学生填写问卷，以确保反馈的及时性和准确性。

3.问卷特点

①简单明了：问卷设计简洁，采用选择题和简短的开放式问题，便于家长和学生快速完成。

②非评估性质：该问卷并非严格的课程评估工具，旨在收集活动体验反馈。问卷结果将用于提升活动质量和调整课程内容，以便更好地满足参与者的需求。

③反馈互动：通过此问卷，家长和学生有机会表达他们对活动的意见和建议，帮助编者不断改进和完善象头山保护区的自然教育项目。

4.填写方式

①家长反馈问卷：请家长在活动结束后，根据孩子的表现和自己对活动的感受完成填写。

②学生反馈问卷：请学生根据自己的体验完成问卷，可以引导他们用自己的语言描述最喜欢的环节和收获。

③问卷收集及反馈：完成后的问卷可由教师收集整理，定期对反馈进行总结分析。根据反馈情况，课程组可以调整后续活动的形式和内容，确保活动更加贴近家长和学生的需求。

（二）家长反馈问卷

1.您的孩子参加了此次象头山保护区自然教育活动后，您觉得本次自然教育活动对您的孩子对于自然的兴趣的提升作用是否明显？（　　）

　　A.非常明显　　　　　　　　　B.较为明显

　　C.不明显　　　　　　　　　　D.没有改变

2.您认为此次活动对孩子的哪些方面有帮助？（可多选）（　　）

　　A.增强对自然的认识　　　　　B.提升与他人的合作能力

　　C.增强环境保护意识　　　　　D.提升动手实践能力

　　E.其他（请填写）_____

3.您是否认为此次活动的内容安排符合孩子的兴趣和学习能力？（　　）

　　A.非常符合　　　　　　　　　B.符合

　　C.一般　　　　　　　　　　　D.不太符合

4.您觉得活动中孩子最感兴趣的是哪些内容？（　　）

　　A.自然观察

　　B.动植物知识学习

　　C.动手活动（比如，自然笔记、户外实践）

　　D.与其他同学的互动

　　E.其他（请填写）_____

5.活动的组织和安排是否让您感到满意？（　　）

　　A.非常满意　　　　　　　　　B.满意

　　C.一般　　　　　　　　　　　D.不满意

6.您觉得此次活动对孩子的安全保障如何？（　　）

　　A.让人非常放心　　　　　　　B.让人放心

　　C.一般　　　　　　　　　　　D.让人不放心

7.您认为此次活动对孩子的教育效果如何?（　　　）

　　A.非常好　　　　　　　　　B.好

　　C.一般　　　　　　　　　　D.不明显

8.您对象头山保护区的自然教育课程有何建议或意见?

_____

_____

9.您是否愿意推荐此类活动给其他家长和孩子?（　　　）

　　A.非常愿意　　　　　　　　B.愿意

　　C.一般　　　　　　　　　　D.不愿意

（三）学生反馈问卷

1.你喜欢今天的象头山保护区自然教育活动吗?（　　　）

　　A.非常喜欢　　　　　　　　B.喜欢

　　C.一般　　　　　　　　　　D.不喜欢

2.你在活动中学到了哪些新知识?（可多选）（　　　）

　　A.认识了新的植物　　　　　B.学习了动物的生活习性

　　C.学会了如何保护自然　　　D.了解了保护区的工作

　　E.其他（请填写）_____

3.你觉得此次活动哪个部分最有趣? 为什么?（　　　）

　　A.动物观察　　　原因:_____

　　B.植物识别　　　原因:_____

　　C.自然笔记　　　原因:_____

　　D.户外探险　　　原因:_____

　　E.其他（请填写）_____ 原因:_____

4.你觉得这次活动对你有什么帮助?（可多选）（　　　）

　　A.更加喜欢大自然　　　　　B.学会了与伙伴合作

　　C.学到了很多新知识　　　　D.了解了如何爱护环境

　　E.其他（请填写）_____

5.你认为活动的时间安排是否合适?（　　　）

　　A.非常合适　　　　　　　　B.合适

　　C.一般　　　　　　　　　　D.太长/太短

6.你觉得活动中教师的讲解是否有帮助?（　　）

　　A.非常有帮助　　　　　　　　B.有帮助

　　C.一般　　　　　　　　　　　D.不太有帮助

7.你对今天的活动有什么建议或意见?

_____

_____

8.你是否愿意再参加类似的自然教育活动?（　　）

　　A.非常愿意　　　　　　　　　B.愿意

　　C.一般　　　　　　　　　　　D.不愿意

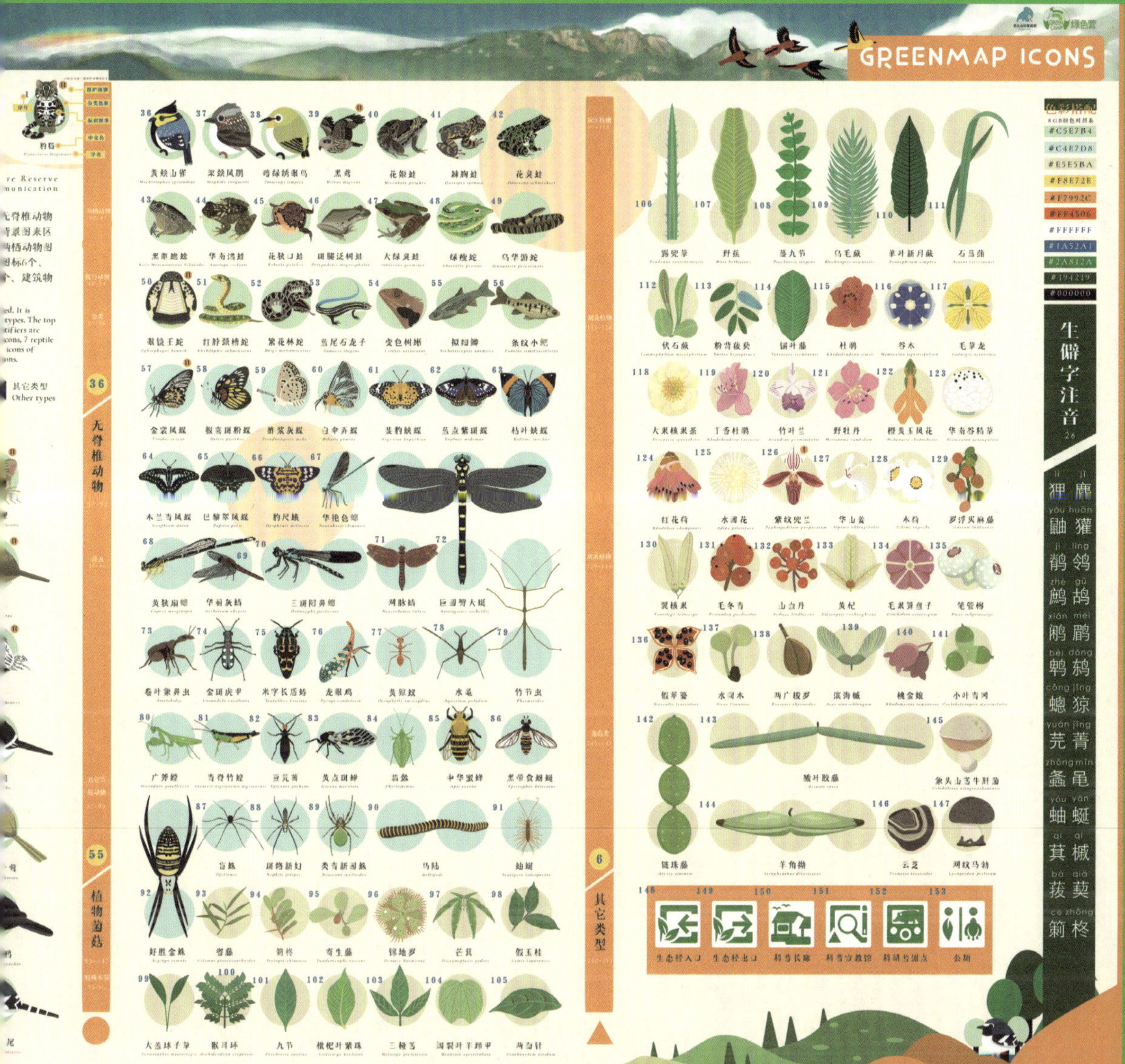

物认知 自然界中，植物是生物圈中最基本、最重要的组成部分。它们基本无法移动，可以让我们亲近观察它们的生长、开花、结果，感受其中蕴含着的属于它们特别的生存智慧。

观鸟 观鸟是指人用望远镜等观测设备在不影响鸟类生活的前提下进行的户外观察活动。鸟类种类较少，并且辨识度较高，因此观鸟通常被称为“进入自然的钥匙”。

夜观 夜观通常是指借助手电筒等设备在夜间观察自然界的生物。因为一些生物习惯于夜间活动，在夜晚更容易进行观察，以两栖爬行类和昆虫等为主。

观星 观星就是抬头仰望观察星空。选择好适当的时间、地点、天气、月相，你就可以观察到神秘广袤的星空，利用观星软件可以准确知道具体星座或名称。

然笔记 自然笔记是我们在大自然探索时，将我们的观察和发现用画和写的方式记录下来。完整的自然笔记包含6个元素：时间、地点、记录人、天气、观察内容、感受。

以上为自然观察的常见方式，更多有趣的方法等你发现哦！

象头山保护区科研宣教中心全景地图

1 扫描二维码即可获得象头山保护区的720°全方位真实场景图。

2 选择想要观看的场景。

3 在地图中用鼠标左键按住拖动，观看场景的各个方向。

720° 全景地图

打开全景地图和我一起高空俯瞰象头山保护区吧！

按照上面的步骤你就可以打开啦！

720°是什么？

水平360度和垂直360度环视的效果，虽然照片都是平面的，但是通过软件处理之后得到三维立体空间的360度全景图像，能给人以三维立体的空间感觉，使观看者犹如身在其中。

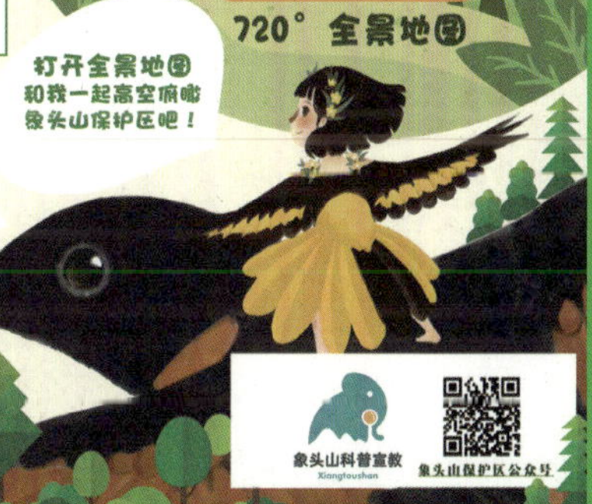

象头山科普宣教 Xiangtoushan

象头山保护区公众号

THE NATURE EXPLORATION OF XIANGTOUSHAN IS WA

象头山自然保护区探索之旅等你

北 西 东 南

树抱石
南 岭 森 林
磨菇之家
自然感官
湿地塘
自然造物
民 居 主 题 步 道
生 态 小 课 堂 主 题 步 道
三夹水
溪畔漫游主题步道
森林康养
野外生存
岭 南 森 林 居 民 主 题 步 道
风雨亭
观星平台
金娘坪
倒木戏水
龟蛙家园

广东象头山保护区自然教育径

岭南森林居民主题步道
全长约1.4km
徒步耗时约130分钟

岭者，是我国青乎五约以肴地区的根称，以五岭为界乎与陆相隔。象头山正是其中肴岭森的代表丰，在这里可看茂密的肴亚热带常绿阔叶林，生怼看丰富的野生动植物。快来做象头山的"森林居民"吧，欢唎你在森林的"自然基因"吧，发现森林的神秘之处，揭开神秘背后的秘密。

① 树抱石　　　⑥ 风雨亭
② 自然感官　　⑦ 倒木戏水
③ 自然造物　　⑧ 龟蛙家园
④ 野外生存　　⑨ 森林之心
⑤ 山玙康养

漫时漫游主题步道
全长约0.8km
徒步耗时约30分钟

哈恋原森林主题步道
全长约1.1km
徒步耗时约40分钟

这足岭肴地区第一条手工步道，大部分材料就地取材，铺装方式自然友好，你可以在这里拥有不同功能的森林沿恋体验，快来感受这独特的森林地形疗法体验步小径吧。

① 守护象头山平台
② 森林沿恋系小屋
③ 情绪释放平台
④ 森林教室

生态小课堂主题步道
全长约2.1km
徒步耗时约80分钟

① 菇之家
② 湿地塘
③ 观星平台
④ 金娘坪

A楼

广东象头山国家级自然保护区管理局科研教宣中心
广东省公安厅森林公安局象头山派出所

图例

您在这里
河流
土路

动植物型标颜色对应种类

脊椎动物 Vertebrate
无脊椎动物 Invertebrate
植物及菇 Plants and mushrooms

动植物型标序号对应种类

脊椎动物

兽类
1、豹猫
2、黄腹鼬
3、鼬獾
4、果子狸

1、斑林狸
6、野猪
7、赤腹松鼠
8、倭花鼠
9、中华豪猪

鸟类
10、雕鸮
11、红头长尾山雀
13、叉尾太阳鸟
13、斑头鸺鹠
14、白鹇
15、眉斑翁
16、白眉山鹧鸪
17、褐翅鸦鹃
18、黑眉拟啄木鸟
19、绿翅金鸠

20、白鹡鸰
21、赤红山椒鸟
22、灰喉山椒鸟
23、黄腹山雀
24、黑枕黄鹂
26、矛纹草鹛
27、叉尾太阳鸟

家开启

广东象头山
国家级自然保护区
GuangdongXiangtoushan National Nature Reserve

绿地图
GREENMAP
科研宣教中心

出品：广东象头山国家级自然保护区管理局
绘制：绿色营

金池桥

科研宣教中心入口

治愈系森林主题步道

守护象头山平台

森林治愈小屋

情绪释放平台

森林之心

森林教室

广东象头山
国家级自然保护区

惠州

爬行动物
51. 红脖颈槽蛇
52. 繁花林蛇
53. 乌尾石龙子
54. 变色树蜥

鱼类
55. 拟细鲫
55. 条纹小鲃

无脊椎动物

昆虫
57. 金裳凤蝶
58. 报喜斑粉蝶

59. 紫燕灰蝶
60. 曲纹紫灰蝶
61. 白带黛眼蝶
62. 蓝凤蝶
63. 杨氏丽蛱蝶
64. 枯叶蛱蝶
65. 玉带凤蝶
66. 巴黎翠凤蝶
67. 华艳青凤蝶
68. 青凤蝶
69. 达摩凤蝶
70. 柑橘凤蝶
71. 木兰青凤蝶
72. 裳凤蝶
73. 金斑蝶
74. 金斑喙凤蝶

75. 米字长足虻
76. 大蓝蜻蜓
77. 黑丽翅蜻
78. 碧伟蜓
79. 杜松蜻蜓
80. 广翅蜡蝉
81. 黄猄蚁
82. 马蜂
83. 大黄蜂
84. 蜜蜂
85. 胡蜂
86. 食蚜蝇

87. 白臀
88. 中华绿刺蛾
89. 类齿新月蛾
90. 甜菜夜蛾
91. 斜纹夜蛾
92. 好斑金螢

其它节肢动物
93. 蜈蚣
94. 蝎子
95. 马陆
96. 锦地罗

观叶植物
97. 芒萁
98. 肾玉球子草
99. 顶芽狗脊
100. 乌毛蕨
101. 肾蕨
102. 海金沙
103. 三裂叶盘龙参
104. 国荭甘叶
105. 顶果木
106. 野牡丹
107. 野葛
108. 九节
109. 乌毛蕨木莲
110. 乌敛莓
111. 石草莓

112. 伏石蕨
113. 粉叶蕨
114. 蕨叶藤

观花植物
115. 杜鹃
116. 桃金娘
117. 毛华寿
118. 大果核果茶
119. 丁香杜鹃
120. 竹叶榕
121. 毛稔
122. 黄牡丹
123. 鹰爪花精草

124. 红花荷
125. 杜鹃兰
126. 绣球
127. 水仙
128. 水仙

观果植物
129. 多花勾儿茶
130. 紫珠
131. 九节
132. 山香园
133. 黄藤

134. 毛果算盘子
135. 笔管榕
136. 假苹婆
137. 浆果
138. 海南蒲桃
139. 海南草
140. 桃金娘
141. 小叶海金
142. 链珠藤
143. 链珠胶藤
144. 羊角藤

菌菇类
145. 象头山苦牛肝菌
146. 云芝
147. 裂纹马勃

象头山保护区介绍

基本介绍

象头山保护区位于惠州市博罗县境内，紧贴北回归线。保护区总面积为10696.9公顷，主峰蟹眼顶海拔1023.7米，森林覆盖率96.97%。保护区是以保护南亚热带常绿阔叶林以及珍稀动植物资源为主的森林生态系统类型自然保护区，是我国南亚热带重要的生物多样性中心之一。保护区始建于1998年，于2002年7月晋升为国家级保护区。

主要保护对象

| 以南亚热带常绿阔叶林为主的森林生态系统 | 珍稀濒危植物种 | 水资源 |

10696.9公顷的岭南山林生长着多少神奇生物呢？

| 1954种 | 343种 | 72种 | 619种 | 201种 |

据科研监测数据统计，保护区内共有维管束植物224科909属1954种，其中我国特有属6属，广东特有种19种；国家重点保护珍稀濒危植物76种；陆生脊椎野生动物343种；鱼类72种；昆虫619种；大型真菌201种。

关于科研宣教中心

象头山保护区科研宣教中心于2008年开始进行建设。位于保护区西部的实验区，海拔320米，占地面积为1.5公顷。先后建成了科普宣教馆、多媒体会议室、数字化监控系统、气象站、监测设施、70米科普长廊以及近5公里的自然教育径等室内外科普宣教设施。

320米
1.5公顷

为什么象头山保护区是国家级自然保护区？

自然保护区，是指对有代表性的自然生态系统、珍稀濒危野生动植物物种的天然集中分布区、有特殊意义的自然遗迹等保护对象所在的陆地、陆地水体或者海域，依法划出一定面积予以特殊保护和管理的区域。自然保护区分为国家级自然保护区和地方级自然保护区。在国内外有典型意义、在科学上有重大国际影响或者有特殊科学研究价值的自然保护区，列为国家级自然保护区。象头山保护区属于保护森林生态系统的保护区，它的主要价值在于南亚热带常绿阔叶林的典型代表，南亚热带野生植物的物种基因库、东江重要水源涵养林。

象头山保护区活动注意事项

在保护区内参加活动时，为保证活动顺利、安全、有序开展，参加活动人员须遵守以下注意事项：

① 须全程听从领队老师安排，服从现场安全管理，并负责自身及所带儿童安全，不得单独行动；
② 认同活动为践行自然教育理念的公益行为，象头山保护区不具备经济补偿能力；
③ 活动的安全责任由保险公司全程负责，参加活动人员视为同意象头山保护区安全免责；
④ 活动中我们可能会为参与人员拍摄照片，用于象头山保护区公众号分享、活动回顾、后续活动招募等，如果您不希望我们使用您或孩子的照片，请跟领队老师告知；
⑤ 做好防晒防暑防蚊虫准备，建议佩戴帽子、穿着避免过于鲜艳的长袖长裤和轻便的运动鞋。建议随身携带的物品有：水、防蚊液、防晒霜、个人常用药品、登山杖以及多备一套衣物；
⑥ 活动地点在野外且经过水边，请家长务必看护好自家孩子，严禁擅自在深水地方戏水；
⑦ 严禁携带火种上山，严禁在林区用火，保证森林防火安全；
⑧ 不破坏自然栖息地，不随意采集植物标本；
⑨ 不随意捕捉小动物，不伤害小动物，观察后原地及时放生；
⑩ 活动中保持安静，严禁嬉戏打闹，不大声说话，如有事请与领队先沟通；
⑪ 自行将垃圾带回科研宣教中心，谨遵"不带来，不带走"的户外活动原则；
⑫ 自觉遵守疫情防控措施，出示粤康码、行程卡，并配合检测体温后方可参加活动，并自觉佩戴口罩及准备其他消毒物品。

防火小提示

《广东省森林防火条例》规定，广东省实行全年森林防火，每年十月一日至次年四月三十日为森林特别防护期。

绿地图标识系统
GREENMAP ICONS
广东象头山国家级自然保护区-科研宣教中心
Guangdong Xiangtoushan National Na... Center of Science Research and Co...

在科研宣教中心图标识系统中，共包含有153个标识。分为脊椎动物56个，无脊椎动物36个，植物菌类55个和其它类型5个共计四个类型，前三种采用圆形彩色圆点区分，其它类型的标识为白底正方形。其中兽类图标9个、鸟类图标30个、两栖动物图标8个、爬行动物图标7个、鱼类图标2个、昆虫图标30个、其它节肢动物图标6个、观叶植物图标18个、观花植物图标14个、观果植物图标16个、菌类图标1个、功能图标6个。

In the identification system of scientific research center, 153 identifications have been inclu... divided into 56 vertebrates, 36 invertebrates, 55 plants and fungi, 5 of the other types of fou... three types are distinguished by a circular color background diagram, and other types of id... squares in white. Among them, there are 9 mammal icons, 30 bird icons, 8 amphibious anima... icons, 2 fish icons, 30 insect icons, 6 other arthropod icons, 18 icons of leaf watching plant, ... flower watching plant, 16 icons of fruit watching plant, 1 fungi icons 6 building function...

| 脊椎动物 Vertebrate | 无脊椎动物 Invertebrate | 植物菌类 Plants and mushrooms |

脊椎动物

自然观察
你可以做什么？

大自然中每时每刻都在上演着生命的精彩故事，让我们一起成为一名自然观察者，开启一段发现之旅！

植物认知
观鸟
观星
自然笔记
夜观

附件四 常见物种名录

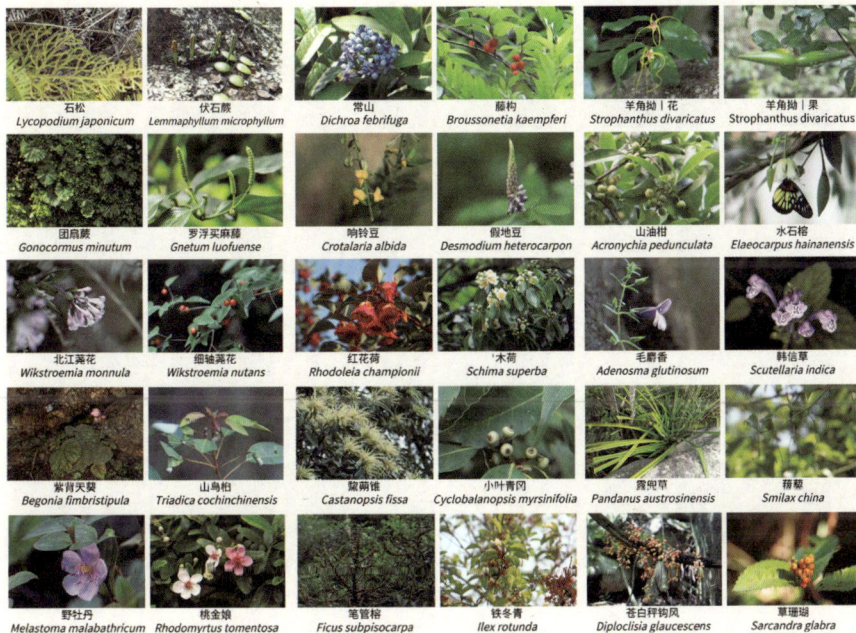

弓果藤
Toxocarpus wightianus

红花青藤
Illigera rhodantha

谷精草
Eriocaulon buergerianum

锦地罗
Drosera burmanni

假鹰爪
Desmos chinensis

香港大沙叶
Pavetta hongkongensis

短梗挖耳草
Utricularia caerulea

黄花狸藻
Utricularia aurea

降香
Dalbergia odorifera

楝叶吴萸
Tetradium glabrifolium

圆叶挖耳草
Utricularia striatula

苞舌兰
Spathoglottis pubescens

灰莉
Fagraea ceilanica

马缨丹
Lantana camara

橙黄玉凤花
Habenaria rhodocheila

金线兰
Anoectochilus roxburghii

黑莎草
Gahnia tristis

蔓九节
Psychotria serpens

细裂玉凤兰
Habenaria leptoloba

竹叶兰
Arundina graminifolia

广东象头山国家级自然保护区
Guangdong Xiangtoushan National Nature Reserve

象山草木

象头山国家级自然保护区导赏折页
（象见植物）

石松
Lycopodium japonicum

伏石蕨
Lemmaphyllum microphyllum

常山
Dichroa febrifuga

藤构
Broussonetia kaempferi

羊角拗 | 花
Strophanthus divaricatus

羊角拗 | 果
Strophanthus divaricatus

团扇蕨
Gonocormus minutum

罗浮买麻藤
Gnetum luofuense

响铃豆
Crotalaria albida

假地豆
Desmodium heterocarpon

山油柑
Acronychia pedunculata

水石榕
Elaeocarpus hainanensis

北江荛花
Wikstroemia monnula

细轴荛花
Wikstroemia nutans

红花荷
Rhodoleia championii

木荷
Schima superba

毛麝香
Adenosma glutinosum

韩信草
Scutellaria indica

紫背天葵
Begonia fimbristipula

山乌桕
Triadica cochinchinensis

黧蒴锥
Castanopsis fissa

小叶青冈
Cyclobalanopsis myrsinifolia

露兜草
Pandanus austrosinensis

菝葜
Smilax china

野牡丹
Melastoma malabathricum

桃金娘
Rhodomyrtus tomentosa

笔管榕
Ficus subpisocarpa

铁冬青
Ilex rotunda

苍白秤钩风
Diploclisia glaucescens

草珊瑚
Sarcandra glabra

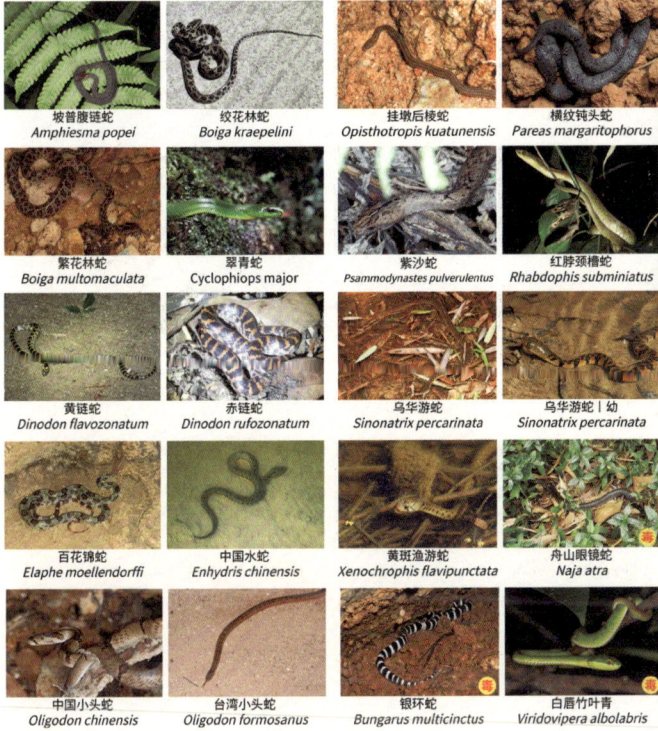

坡普腹链蛇
Amphiesma popei

绞花林蛇
Boiga kraepelini

挂墩后棱蛇
Opisthotropis kuatunensis

横纹钝头蛇
Pareas margaritophorus

繁花林蛇
Boiga multomaculata

翠青蛇
Cyclophiops major

紫沙蛇
Psammodynastes pulverulentus

红脖颈槽蛇
Rhabdophis subminiatus

黄链蛇
Dinodon flavozonatum

赤链蛇
Dinodon rufozonatum

乌华游蛇
Sinonatrix percarinata

乌华游蛇丨幼
Sinonatrix percarinata

百花锦蛇
Elaphe moellendorffi

中国水蛇
Enhydris chinensis

黄斑渔游蛇
Xenochrophis flavipunctata

舟山眼镜蛇
Naja atra

中国小头蛇
Oligodon chinensis

台湾小头蛇
Oligodon formosanus

银环蛇
Bungarus multicinctus

白唇竹叶青
Viridovipera albolabris

广东象头山国家级自然保护区
Guangdong Xiangtoushan National Nature Reserve

两爬精灵

象头山国家级自然保护区导赏折页
（常见两栖和爬行动物）

黑眶蟾蜍
Bufo melanostictus

虎纹蛙
Hoplobatrachus rugulosus

大树蛙
Rhacophorus dennysi

锯腿原指树蛙
Philautus odontotarsus

花狭口蛙
Kaloula pulchra

花细狭口蛙
Kalophrynus interlineatus

泽陆蛙
Fejervarya multistriata

泽陆蛙
Fejervarya multistriata

福建大头蛙
Limnonectes fujianensis

福建大头蛙
Limnonectes fujianensis

变色树蜥
Calotes versicolor

变色树蜥丨幼
Calotes versicolor

沼水蛙
Sylvirana guentheri

阔褶水蛙
Sylvirana latouchii

黑斑侧褶蛙
Pelophylax nigromaculatus

棘胸蛙
Quasipaa spinosa

变色树蜥
Calotes versicolor

铜蜓蜥
Sphenomorphus indics

斑腿泛树蛙
Polypedates megacephalus

无声囊泛树蛙
Polypedates mutus

香港湍蛙
Amolops ricketti

粗皮姬蛙
Microhyla butleri

南草蜥
Takydromus sexlineatus

原尾蜥虎
Hemidactylus bowringii

大绿臭蛙
Odorrana graminea

花臭蛙
Odorrana schmackeri

花姬蛙
Microhyla pulchra

小弧斑姬蛙
Microhyla heymonsi

钩盲蛇
Ramphotyphlops braminus

绿瘦蛇
Ahaetulla prasina